U0159219

荒野的呼唤

去！寻访
动物们的足迹

宋大昭　黄巧雯　主编

上海科技教育出版社

图书在版编目(CIP)数据

去！寻访动物们的足迹/宋大昭,黄巧雯主编.—上海:上海科技教育出版社,2020.12
(荒野的呼唤)
ISBN 978-7-5428-7396-5

Ⅰ.①去…　Ⅱ.①宋…　②黄…　Ⅲ.①野生动物-普及读物　Ⅳ.①Q95-49

中国版本图书馆CIP数据核字(2020)第218906号

序　言

荒野的呼唤与人性的回归

认识"猫盟"(CFCA)的小伙伴们许多年了,不仅欣赏他们对野生动物的观察和发现——在科学上弥补了很多信息的空缺,也很享受他们微信公众号的文字所呈现出来的多姿多彩的野外生活和对自然保护的体验与感想。"猫盟"中的很多人来自其他收入更高的行业,从城市到荒野,他们用行动和文字,展现了荒野的魅力,特别是吸引了众多热爱自然、对生活有着另类想象的年轻人。

随着工业和科技的发展,人类获得了更加便捷的现代化生活,而对自己居住的星球——地球,也在产生与日俱增的影响。物种灭绝、生态系统退化、气候暖化、污染加剧……这一系列变化,有的永远不可逆转。

在被称为"人类世"的当下,人与自然应该如何相处? 地球这个所有生命的家园,将有着什么样的命运? 答案,其实在人类自己的手中。

原本2020年在昆明召开的《生物多样性公约》第15次缔约方大会(COP15)就是要讨论是否可能以及如何在2030年扭转生物多样性下降的趋势。"人与自然和谐共处",是公约196个签署国的共同愿景,也是人类可持续发展的基础。而在现实世界中，人们的物质生活越来越富裕，但说到保护自然，大多数人仍然觉得与自己的日常生活相去甚远。事实上，我们的吃、穿、住、行、玩，无一不与自然相关，野生动物和生态系统目前面临的危机，关乎人类的生存和发展——不是未来，而是现在。据世界经济论坛《2020年全球风险报告》估计，2019年全球的GDP有一半以上依赖自然，因此，对自然的威胁，就是经济的风险。问题在于，施害者与受害者往往不是同一个人，这考验着人性——关怀整个人类和其他生命的"公心"是否最终能够获胜。归根结底，我们需要战胜的是自己。

荒野，是人类保留给地球和其他生命最后的空间，保护荒野需要更多的守护者，"猫盟"正是其中一员。而荒野也寄托着热爱自然的人们心中美好的梦想。"带豹回家"——让华北豹重现北京，是"猫盟"最令人兴奋的想象。随着政府、企业、全社会环保意识的逐步提高，梦想成为现实也有了可能。

正是怀着这样的理想，有了这套"荒野的呼唤"丛书。它凝结了"猫盟"和伙伴们长期野外工作的心血，展现了人与自然、人与野生动物相处的另一种可能性。丛书精选了亲历者们所讲述的近80个异彩纷呈的野生动物保护故事，配以大量精美的野外摄影图片，将中国的荒野现状、野生动物的真实生存状况、野保专家及志愿者们为野生动物保护所做出的努力以及遇到的困难一一呈现……

这套书带领读者去聆听大自然的呼唤，寻访动物们的足迹，倡导所有人用实际行动保护野生动物，守护它们的家园。这里有我们耳熟能详的大熊猫、金丝猴、豹、穿山甲等濒危动物的保护故事，也有与绿孔雀、白冠长尾雉、熊狸等诸多中国特有濒危物种相关的动人篇章。地球的自然环境正在发生怎样的变化，自然界的动植物需要怎样的生境，人与自然如何唇齿相依，人们怎样保护生态环境、拯救濒危物种，如何兼顾野生动物保护与当地百姓的需求……生动鲜活的故事中穿插着一些引人深思的议题，这或许是唤醒人们生态意识的良方。

　　希望更多读者在阅读书中的故事之后能有所触动，更加关注、支持并参与自然保护的实践。愿所有生命都能有尊严地栖居于地球之上。

呂植

2020 年 11 月

目　录

这是一部难得一见的
野生动物纪录片

阎昭

《我们的动物邻居》纪录片播出后受到了大量好评,这样一部聚焦身边野生动物的纪录片是如何拍出来的呢?

选题理念

为什么要拍摄城市动物?

这里的"为什么",其实有两层含义。

一层含义是"你们是怎么想到拍城市动物的",问的是创意来源;第二层含义是"你们拍城市动物的目的是什么",问的是拍摄的意义。

先说第一层,这个纪录片是怎么来的。

2016年,我们的办公室在北京三环边一座高楼的顶楼。

红隼在高楼大厦间飞翔。

作者介绍

阎昭

纪录片《我们的动物邻居》导演,对城市野生动物充满好奇和创作热情。在拍摄《我们的动物邻居》过程中,用3年的时间,接触各种低调的、民间的、致力于科普和自然教育的个人或机构,去收集和了解生活在北京城中的动物的方方面面素材,并把这些宝藏分享给大家。

从落地窗向外看去,北京的中央商务区像一个微缩景观。

传说我们办公室附近生活着猛禽,大家特别好奇。

普通雨燕。

做纪录片的人就是这样,看见什么都想拍。总之,这部片子就这样愉快地立项了,代号为"动物居民"。

谁都忘不了,第一次近距离看一只野生动物时的情形。那是1:1的比例,似乎能看到红隼巨大的黑眼珠里反射的景物,那种感受同电视上看或者动物园里看完全不同。

我们日常的视觉里,城市很大,动物渺小。和动物距离很近的时候,视觉上就会感觉动物很大,城市很小。这就是我们做这部片子要达到的效果。

制作过程

是困难,也是机会。

我们说的近3年制作期是从2017年2月开始算的。那年春天之前,我几乎不能准确叫出任何一种野生鸟类的名称。

一方面我们缺少文献、资料,更缺少故事原型和线索;另一方面,我们也不知道有没有这个类别的专家,就算有,能不能联系到专家来帮助我们,也是未知。

基本就是一片空白。

于是我们只好自我安慰:一片空白意味着什么? 意味着如果我们能完成,它就是一部独一无二的作品,甚至是一个全新的类型。

带着这样的目标和期待,我们开始了一场艰难的旅途。

一部超出一般纪录片运行规则的作品。

首先,这是一部成本极低,操作方式超常规的纪录片项目。

我们要以不到BBC自然纪录片预算的百分之一,制作4集共200分钟的纪录片。但这么好的题材,谁都不愿意浪费,做就一定要做好。

预算只是一方面,知识基础是更大的困难。

BBC纪录片的制片人或摄影师,可能本身就是科学家。那是几十年的积累和全世界对该领域最了解的人汇聚在一起才制作成的片子。

我们呢? 去敲门求助,人家的反应要么是不理解,要么是不相信,要么就是谦虚地说不了解,爱莫能助。

纽约的游隼。

因此,我们只能用一些奇怪的、非常规的办法寻找线索。

这里最感谢的是北京市野生动物救护中心和北京猛禽救助中心,也要感谢社交媒体,以及民间的博物爱好者和观鸟人士。

找好了外援,但此时,大多数故事还悬浮在纸上、难以落实。我们需要拍正在发生的、可以被记录的动物故事。

红隼初尝试

红隼的故事在成片中看起来很完整,但我们实际上拍摄了两个地方的红隼家庭。

滑翔、俯冲、交配、与乌鸦打斗和小红隼与喜鹊抢地盘在我们的办公楼上发生。

繁殖、小红隼成长、出飞、抓虫子、喂食等戏份是在通州区的一栋高楼内拍摄的,也就是第一集中李翔和红隼一起生活的"红隼之家"。

这条线索是我们偶然在网络平台看到的。很幸运,我们被允许进行拍摄。

最初寻找红隼是在2017年春天，我们从单位对面的小区开始找。

因为我当初什么都不懂，所以我压根儿不相信这里就有红隼。但听一些老同事回忆说前几年确实见过。

在我看来，这就跟你两年前在三里屯见过一个人，两年后你在三里屯再次见到这个人的可能性一样，能有多大呢？

等了三四天，只看到家燕和斑鸠。

终于，有天下午突然在高楼旁划过一个黑影，我赶紧用手机拍下了模糊照片，发给张瑜老师，他说太模糊了看不清，不过应该是。

按理说我应该高兴，但我马上就极其沮丧，因为整整一天，我就只看见这个黑影两秒，然后它就绕到高楼背面，再也看不见了。

我们摄影师和剧组一天的最低开销是2000多元，200分钟的片子最少要100分钟的精彩画面。大概算一下，要是一天只能拍到这2秒，得不拍10年，花掉上千万元。

这肯定不行。

于是我们开始找它的巢。这种密集的高层建筑，十几栋楼甚至上百栋楼，有几千几万个窗台、空调外机、缝隙，哪里可能是它的家？

我的视线又跟不上它，想了想就绝望了。

接下来几天，这只红隼继续跟我捉迷藏，好消息是见到的次数逐渐变多。

有一天，我和小坤拿望远镜地毯式扫描附近的住宅楼，发现高层空调外机上一个巨大的喜鹊巢。突然，我们听到了红隼"嘀嘀嘀"的叫声，它也钻进这个巢了。

我心里的一块石头落地了。

我们数了一下，巢在28层。拍摄机位只有一个，就是巢对面的住家。

于是我们去敲门，住户是一个老先生。我们请求他让拍摄组在他的卧室架机器，老人当时允许了，我们就拍了一下午红隼进进出出。

但第二天，老先生告诉我们：他的老伴不答应。我们只能撤退。

后来有一天，距离最近的窗户突然被打开，装修的噪声在楼底下都能听到。打那以后，连续好几天再没看到红隼回巢，我们非常失落，只能放弃了这个好不容易才发现的拍摄点。

又过了好久，一天下班路上，我习惯性地看了一眼那台空调外机，还是看到了红隼站在旁边。也许它弃巢了，已经换了地方，谁知道呢。

此后进入了夏天，我们开始拍通州那一窝红隼的成长和出飞，还有刺猬、蝉、纵纹腹小鸮、黑翅长脚鹬、大杜鹃、鸳鸯，还拍了雨燕环志、胡同里的家燕搬家……到了秋天和冬天，我们又拍了乌鸦、黑鹳、长耳鸮、瓢虫、灰鹤、绿头鸭……

第一年就这么过去了，我们拍了能想到、能拍到的那么几种动物，过程都挺不容易。如果每个物种都说的话，文章就太长了，大约都可以参考拍红隼的过程。

我们收获了一些素材，但没有一个完整的故事，离成片还很遥远。

红隼再尝试

一年之后的2018年，第二个春天，我们在办公室又听到了外面红隼"嘀嘀嘀"的叫声。同事小坤比我反应还迅速。在这一年时间里，他已经成长为一个合格的野生动物摄影师了。

时隔一年，我知道这只红隼不是去年没拍成的那只。

我们的项目还在拍，红隼也还在，并且它们很大方地把交配、打斗的场面放在了我们摄影机面前。

我们终于顺利地拍摄红隼了。很

长耳鸮。

见证了城市的变化。

"动物邻居"从代号变成现实。

欧亚红松鼠。

难分清这是天注定，还是靠打拼，反正这种机会真的不常有，而我们抓住了。

去年在通州拍的红隼有不少巢内幼鸟喂食、换羽、出飞的画面，于是我们把两个地点的红隼故事"嫁接"到了一起，变成了一个完整的红隼求偶、繁衍、成长的故事。

拍摄还在继续

到了2018年的夏天，我们又拍了一些其他物种的故事。

与红隼的故事类似，我们的刺猬演员也是两只，地点除了中夹商务区，还有一部分在郊外的小院中完成。

松鼠就数不清有多少只了，主要是在香山和天坛拍的。

松鼠求偶的情节是真的，怀孕、喝水等情节是我们的解读。

2017年拍摄了寻找长耳鸮、瓢虫生物天敌、鸳鸯人工巢箱等故事。因为要等待季节变化，终于在2018年春夏完成了补拍。

需要人类主人公和动物共同配合出演的故事最难拍。人的思想工作，我们反复做，终究能成功。

故事远未结束！

2018年夏天，我们开始了剪辑，从夏天剪到冬天。

"动物居民"终于从一个代号，一个设想，慢慢地变成了现实，变成了《我们的动物邻居》。

它虽然和当初的设想不太一样，但从名字就能看出，它更进了一步，它的角度变了。

神奇的是，也许是因为拍得多了，也可能是自己真的有主动关注、主动观察的心思了，我发现红隼其实哪里都有，随便一抬头都能看见，根本不用那么费劲地找。

所以我们拍摄的过程，实际上就是一群普通人逐渐接触自然、逐渐被自然改变的过程。

出品 中央广播电视总台央视纪录频道　　承制 北京五星传奇文化传媒股份有限公司

这种变化，就是我们拍这部片子的原因。

我们希望观众能和我们一样。即使观众没有到野外去，看了这个片子也能发生和我们一样的改变：观念的改变，关注点的改变。

这就回答了开头的问题。

拍摄城市动物的目的是什么

其实拍摄纪录片是件感性的事情。一直没有时间，也没有能力回答这么理性、这么高深的问题。

对这个问题的思考贯穿了整个后期制作的过程，或者说后期制作和撰稿的过程就是在回答这个问题：我们要赋予动物何种意义，动物能给我们带来什么启示。

初始的文稿只是一个资料的汇总。最初策划的主题是解密城市生态。

我们逐渐觉得仅仅讲到这一步是不够的。

一年的后期制作中,在撰写解说词和故事脚本的时候,有不下100次修改,舍弃了一些,推倒重来了一些,逐渐有了理性的反思,逐渐有了第二层含义。

重建普通人和自然的联系

我们下定决心要塑造具有人性的动物角色,尽管有不严谨不科学的地方,也要让观者切身感受到动物生活的点点滴滴,喜怒哀乐(实际上大多数纪录片中的动物角色都是这样建立的,我相信科学是精神,不是教条)。

共情是人类互相理解的基础,更是行动的基础。共同的情感会触动心灵,会改变想法,会刺激行动。

改变观众的想法,刺激观众去行动。这就是我们的目标。我们所有的创作都是为了实现这个目标,所有的困难、质疑都服从于这个目标。

遗憾与惊喜

遗憾有许多……

第一是放弃了拍黄鼬。

第二是在公园拍流浪猫捕鸟,没有干预。

还有太多没拍到、没拍好的东西,豹猫、狍子、黑斑蛙、喜鹊……

不能说遗憾,只能说还要继续努力。

惊喜就更多了!

比如在去十渡拍黑鹳的路上,本来按照约好的时间,我已经快迟到了,突然闻到一股臭味,瞥见远处一个垃圾场。

我正在高速公路上开车,也不敢细看,感觉可能有乌鸦,犹豫了一下,就地停了车。

当时我一直发愁垃圾场的乌鸦没法拍,因为环卫部门不允许我们进入拍摄,我们花了很大力气,也没争取成功。

我们下车拿望远镜一看就呆了。一览无余的巨大填埋场里密密麻麻的都是乌鸦。

而且我们车在高架桥停着,视野开阔,我们就拍了两个小时,终于招来了交警,心满意足地被赶走了。(这一点大家不要学习。)

这样算是意外凑成了一个乌鸦吃垃圾的故事。

第四集乌雕和喜鹊打架是拍其他湿地鸟类的时候偶遇

垃圾填埋场的乌鸦。

的,但最后的结局是我们设计的。

一年前在奥林匹克森林公园,也是偶遇,我们拍到了一只幼年喜鹊和大喜鹊喂食小喜鹊的画面。

在后期编辑的时候,我们想这乌雕和喜鹊打半天没什么意思,要给喜鹊一个搏命的理由,马上就想到奥森的小喜鹊了,于是又凑成了一个故事。

这是另一种惊喜——拍的东西多了,总能凑成一个故事。

其实,这和人生一样,活的日子多了久了,生活总能变成故事。

华北森林的美，值得表白一辈子

陈月龙

上周（本文写于2018年6月11日），大猫、我和李大锤一直在山西，"猫盟"3个"大作家"齐聚华北豹的地盘。不过我们不只是去采风的，豹子隔三差五在我们床后的山坡上溜达，保护工作任重道远。

去山西的路上，大猫问我跑过全国这么多的好地方之后最喜欢哪里，我想了想，不管热带雨林或者干热河谷，三江源的高海拔森林草原、西南的山地或是华东的森林，都无法和我今天要表白的地点相提并论。

我的表白要从山梁开始。

华北森林的山梁有比我腰粗的油松。松树长到一定程度之后，下层的横枝会脱落，只有少数草本植物或者灌木能在松树林下借着上层树叶缝隙中遗漏的阳光生长。松树之间，山梁上会留下一条空旷的通道，野生动物们借

不同的生态环境有不同的样子，华北最好的森林，就长这样。

作者介绍

陈月龙

活跃于狗獾家族的最著名人物（没有之一），最喜欢做的事情是救动物，喜欢所有见过的动物，野猪是他"见一个爱一个"里最爱的那一个。

此来往活动。

这些松树来自20世纪五六十年代的飞机播种,多亏林业部门的保护,它们经年累月长成了今天的模样。

在并不潮湿又比较寒冷的华北,植被生长的速度很慢,一旦被破坏就很难恢复。华北的山很多都灌草丛生,即便夹杂着几棵树也小得可怜,这种地方看似茂密但其下层的空间也只能容纳小型兽类通行。

松针像一层透气的地毯,覆盖着地面,落在上面的种子很难获得足够的水分生根发芽。这时,路过的野猪就像一台翻土机,它们用鼻子拱

野猪家庭走过路过,地就被翻好了。

开松针寻找食物的同时,一些种子趁机落入土壤,等待萌芽。

我在森林中安静地走走停停,总能听到落叶上的跳跃声响,当岩松鼠发现我注意的目光,就会发出尖叫报警。

岩松鼠的个子很小,但每天消耗量很大,所以总在寻找食物的路上。食物匮乏的冬天来临之前,它们会收集坚果埋藏在林下的落叶中,供冬日里享用。勤劳的松鼠总能有些余粮,等到春暖花开,那些没被吃完的坚果就在土壤中发芽了。

这些新芽不会都顺利地长大成材,它们需要耐心等待一些好运气,比如头顶上的某棵大树被风吹倒、被虫蛀死或者被雷击中。大树倒下之后,下面的幼苗才能获得足够的阳光和空间苗壮成长。森林就这样更替着,生生不息。

即便一棵已经死去的大树,也充满生命的痕迹。

昆虫曾经蛀蚀它,吃虫的鸟儿会来寻找食物,也会在树洞中安家。最终,当树皮脱落,树干倒下,它就成了真菌和微生物的美食。朽木在雨水中吸饱水分,滋养着周围的一切,朽木中有吃个不停的甲虫幼虫,树干和土地缝隙中躲藏着蟾蜍……当一棵大树倒下时,它就开启了一段新的生命历程。

从山梁视野开阔的地方看向远方,远方绵延的山和脚下的一样,有着高低的起伏和颜色的深浅——深色的是针叶林,浅色的是阔叶林。针叶林四季始终如一,即便冰天雪地,也能给野生动物提供庇护所。阔叶林物产丰饶,有各种果实和种子。阔叶林下,趁树冠层的新叶尚未长出,林下的地被植物便在短暂的早春阳光中迅速生长……

这些植物的果实是动物们的食物来源，它们的种子也借助动物扩散。

　　我离开山梁，从阴坡的一道山沟下山，沟两侧是高大的栎树，沟底堆积着厚及膝盖的落叶。我想，在华北，只有最好的森林里才能有这么厚的落叶。栎树所结的橡子也散在落叶中，成为除了华北豹和豹猫这样的纯肉食动物以外其他动物的重要食物来源。像嗅觉灵敏且翻找能力强大的野猪和獾，简直就是为了落叶中的橡子而生。事实上，我就是沿着野猪翻拱落叶留下的痕迹下到沟底的。

　　沟底起初略显狭窄，越向外走越宽阔，沟底的水也终于汇聚成可见的水流，从落叶中的某个泥潭或者石头缝中慢慢汇聚并向着更低的地方流动。

沟底的植物和山梁上不同，它们已经适应了光照匮乏的条件。落叶下藏着苔藓，我看到这里的鸟巢以柔软又保暖的苔藓作为填充。一棵栎树对于这些鸟来说不只是一根根横七竖八的平衡木——树冠层遮挡了阳光，根系保持了水土，落叶下的小环境让苔藓有机会成长，花朵吸引来的昆虫为鸟提供营养；对于动物来说，大树底下不仅可以乘凉，还有生活的基本条件。

在林下生长的玉竹。

从沟底一路走出来，路过当地人的村庄，房屋由风化的岩石堆砌而成，地里种着玉米、小米和土豆。年轻人已经搬离了山区，当地剩下的人不多，平均年龄比较大，生活平静。

他们管华北豹叫老豹，不止一个村民给我讲过，你不招惹老豹，老豹也不会招惹你。这大概是他们从多年和自然融为一体的生活中总结出来的生存法则。我无法证实什么，只知道这里很多人都亲眼见过野生的华北豹而没有村民为豹所伤。

这样的生活与自然融合在一起。

溪水流过村庄，在山脚下形成湿地，这是水体中最富饶的地方。

白天游动在水体上层的是拉氏鱥和宽鳍鱲，它们会跳出水面捕食在水面上空飞行的小虫。水中层是麦穗鱼的舞台，它们不太抛头露面，总是围绕着水中的石头躲躲藏藏。水底层是夜晚才活跃的须鳅，习惯在低温环境中生存的它们，在这种海拔1000米以上的山中湿地活得非常滋润，长得膘肥体壮。

湿地岸边属于芦苇之类的挺水植物，其余更多的区域属于沉水植物，它们之间的相互竞争和抑制，在这片水不深的湿地，为鱼留下了生存的空间。伴随着水位的上升，岸边的苔藓也会沉入水底，但它们早有准备，在水下也能生长，为水中的小生物提供一片"丛林"。

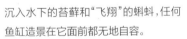

这个季节，湿地的主角是蝌蚪，水中的蝌蚪有时候扎堆，有时候它们的活动就像群体迁徙——大概是忙着从一处食物充足的盛筵赶赴下一场。湿地边的泥地上，刚完成变态的小蛙在草中蹦来蹦去，让我无从下脚、寸步难行。它们是林蛙，数量庞大，但其中大部分都会在旅行的路上遭遇各种不测。它们的目的地在山上，向着今天故事开始的那个山坡前进。它们离开湿地，回到山坡上，等待下一个繁殖季节，再次下山，重返湿地，一路上像我一样，表白它们赖以生存的华北森林。

沉入水下的苔藓和"飞翔"的蝌蚪，任何鱼缸造景在它面前都无地自容。

林蛙，像我一样，表白它们赖以生存的这片华北森林。

在基地的我们拥有了这个星球的平凡和美丽

宋大昭

一

"夜巡吗?"

"巡吧。"

2019 年 4 月底的一个夜晚,我开车接上陈老师夜巡。车子开出县城进入马坊乡的地界,山里有雾,外面一片漆黑。我估摸着他好久没来基地了,肯定很惦记山里的这些邻居。于是我把手电递给他,把相机调好,以20—30 千米的时速沿着县道慢慢行驶。陈老师用手电照着外面的田野和荒地,如果有动物出现,它的眼睛就会反光,我们就能看到它。

4 月初,我和巧巧、大牛来夜巡的时候见到了一只狍

这会不会是我们救助过的小狍子呢?

作者介绍

宋大昭

以"大猫"闻名于动物保护圈,"猫盟"创始人之一,现任"猫盟"理事长。2013 年开始作为志愿者到山西进行华北豹调查。后来为了专门保护华北豹,离开大热的互联网行业,成立"猫盟",投身猫科动物保护行业。

子和一只狐狸。事实上这边夜巡基本就这老三样：狍子、狐狸、兔子。但是对我们而言，每次相遇都像是中了彩票，虽然有些是面值5元那种。

基地附近的林子里有一只年轻的公狍子，看上去并不是很怕我们，上次我们来的时候它也在这里，不禁让人怀疑它是不是我们去年救助的小狍子。

在小南沟，刚刚耕作过的田地里有不少兔子，它们疯狂地四处乱窜。

忽然，我看到一只个子很小的动物迅速地穿越水泥路，本以为是只老鼠，但是当我们下车去查看的时候，灯光下它那尖长的吻部暴露了它的真实身份：一只鼩鼱。我从没在这里见过鼩鼱，看上去它和小五台山那种黑色的山东小麝鼩不大一样，这只鼩鼱通体灰色，不知道是什么种。

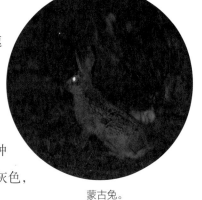

蒙古兔。

几分钟后，陈老师让我停车，很犹豫地看着旁边的山坡，那上面有个亮点。

"是动物吗？"

我看了看也很犹豫，那个亮点一动不动——一般动物的眼睛是两个亮点，而且过几秒总会动一下。有时候山上一些废弃的塑料袋等人类垃圾，也会反光。

突然，那亮点从一个变成了两个，于是我们终于确认，这是一只动物。

但我们依然看不清。山里正起雾，一团一团地飘过来，空气中满是小水珠，在手电的灯光下如同灰尘一般飞舞。

那两只眼睛一动不动地注视着我们。通过望远镜我们知道它应该是趴在灌丛里，但我们看不清它。这么看了一两分钟，它依然没动。

这让我们很是奇怪,从来没有动物会这样。通常,狐狸最多看几十秒,然后会扭头跑走,跑几步再回头看看;豹猫则会连续看你一会儿,然后扭头走掉;狍子则会走走停停,偶尔抬头看看你,然后继续走,如果感到不安就会远离。

至于狗獾、野猪,夜巡看到它们的概率太低了,而且它们往往并不会看我们而是直接逃走。

我们又开始怀疑起来,这到底是不是野生动物。如果是野生动物,那它胆子也太大了,我们从没见过这么胆大的。

难道这是一只豹?

山西这个区域的野生动物种类并不多,不会给人太多猜测的空间。直到我们下车,这只动物也没有离开的意思,任凭我们指指点点。最后那两个亮点消失,我们看不到它了,也可能是它选择不看我们了。

我们无法判断它的真实身份,只知道在山西,我们夜巡从未见过这么胆大的野生动物。

二

基地的夜晚依然宁静,远远地已经传来东方角鸮的叫声。到下个月,鹰鹃、大杜鹃、四声杜鹃和夜鹰也会加入进来。林蛙的低唱此时已经接近尾声,实际上池塘里它们的卵都已经孵化为蝌蚪。

有些还是刚孵出来的样子,有些则已经挺大个儿了。我们绕着人工池塘边上走一圈,有数十只林蛙

池塘里的蛙卵。

"扑通扑通"地跳进水里。

这个池塘是我们进行湿地实验的地方,我们想知道在人为活动被克制的情况下,一个本地的湿地究竟会呈现出什么样貌。

基地边上有一条小溪和一个修路挖土后形成的大池塘,这两个湿地单元都很成熟。水里的植物构成稳定,动物看上去也很稳定。

在冬季,河里冰冻得很厉害,一直凝固到了旁边的草地上,我们一度怀疑水底下是不是完全被冻住了。那样的话,去年趁着下大雨逆流来到小溪上游的几条马口鱼就没活路了。4月初的时候我来看了一下,确实没找到它们,我想它们果然完蛋了。

找到马口鱼我们就放心了。

然而这次我又仔细找了一下,居然在一个水比较深的树根下发现了马口鱼的影子。于是我把相机放进水里,一顿饭后我再把相机捞起,惊奇地发现除了马口鱼外还有一些麦穗鱼,须鳅也很活跃。而麦穗鱼是我们之前都没有发现过的。

陈老师认为因为放牧,现有的湿地单元岸边的生态系统被摧毁。牛把能吃的芦苇和草都吃掉了,因此岸边光秃秃的。这就使得一些水鸟和蛇没有安全的隐蔽场所,这也是我们感到很遗憾的地方:基地里有那么多林蛙,却找不到一条虎斑颈槽蛇(其实也不是完全不存在,我们看到过一条虎斑蛇的尸体,此外我从正在修建的公路上救助回来一条,也放在了基地的池塘里)。所以我们计划完善基地里的湿地生态系统,使之呈现出更加完整的生态原貌。

昨天我已经看到了褐河乌,并听到了白胸苦恶鸟的叫声,希望今年能有蓝翡翠和冠鱼狗选择在基地附近安家,这样会让我们的基地更能体现出华北山地湿地的真实一面,将会有助于我们引导周围的村里人更加友善地对待自然。

三

清晨,我去看了一下4月初看到的普通鵟的巢,并希望现在雌鸟已经入住,若能够持续观察它们的繁殖周期将会是件有趣的事情。

然而,到了树下的我并没有看到它们,连它们的叫声也没有听见。取而代之的是红脑袋的山麻雀。

我在这里至少看到了两对,它们依次分别钻进两个树洞里,雌鸟和雄鸟都会进去。看起来是山麻雀赶走了普通鵟,并打算在这里繁殖。虽然这是大自然正常的现象,但我还是希望留下来的是普通鵟。

山麻雀夫妻,上图为雄性,下图为雌性。

我还找到了一对灰头绿啄木鸟的巢,雄鸟经常一动不动地趴在洞口。我不大明白它这么做的用意,本想多观察一下,但我发现它对我的存在比较警觉,于是放弃了继续观察的想法。

在这几天时间里,我注意到4月初还能看到的普通鵟已经不见了。但现在有一对红隼在基地附近活动,雀鹰也依然住在附近,我能看到它在基地上空盘旋,寻找地面灌丛里的小鸟。

就在今天,我还看到了一对灰脸鵟鹰,它们的鸣叫声很特别。我希望它们也能在附近安家,但红隼和雀鹰也许不会欢迎它们。

灰头绿啄木鸟,雄性。

小导弹——红隼。

北红尾鸲现在是基地里最活泼的居民,一大清早就听到它们婉转鸣唱。它们也不大怕人,经常在我们刷牙的灌丛处蹦来跳去。感谢老天,我们基地里虽然没有长尾雀这样色彩鲜艳的小鸟,但北红尾鸲的到来也为我们基地增色不少。

四

我和陈老师去了趟胡松沟村。村里很安静,安静得我们以为这村里已经没人了。

然后出现了一个大姐,我们说是保护动物的,她表示知道,然后就要带我们去看野猪肇事的现场,一边走一边说,"听说你们要管这些事"。

到了她家地里,其实现场也不是很惨烈,野猪把地膜拱开,把里面的玉米种子都吃了,边上的小米就不吃,感觉还挺会挑的。

她说她家的地被野猪破坏了大概有10亩,算上种子、地膜这些,每亩地至少要损失200块钱,关键是她现在还不敢种新的,因为担心野猪还会来破坏。

我们大概算了算。一亩玉米年景好的时候能打1000斤,差点的话有个七八百斤;一斤玉米收购价8毛,一亩地的收入满打满算800元,除去种子、人工、肥料等成本,一亩地最多也就赚个三四百元,实际上利润可能更低。

而野猪其实不多,红外相机监测结果表明野猪比狍子少多了,就拿现在这个季节来说,10亩地也就够几只野猪打打牙祭。"野猪成灾"这事儿往往是对农民来说的,但并不意味着野猪很多。

去年,我们尝试着装了一些红光报警灯,事实证明,要想管用,每亩都要装一个。每个报警灯算上运费大概要70元钱,显然让农民自己来买并不现实，而且即便装了灯也只管用20天到一个月，然后野猪就会适应；如果想在种植季和收割季都能防御野猪，那么还得用上更多的技术手段。

野猪的脚印。　　　　　　　　　　　　　　　　　　　　　　　　小狍子。

事实上我们完全可以集中资源解决某个小区域的野猪肇事问题，但野猪肇事和豹吃牛有本质的区别：豹每年不过吃几十头牛，而野猪则在所有的山区农田里都会或轻或重地吃庄稼，原先的解决方案对于解决这个问题而言毫无意义。

因此这事儿变得很棘手：为了避免野猪吃庄稼，所采取的防御措施花费的成本可能超过种植的利润，这就让这个事情怎么做都不合算。不去解决的话，针对野猪的报复性猎杀一方面会减少豹的猎物，另一方面会连带性杀死别的动物，包括豹。

夜巡的时候，我们发现另一个村里的村民尝试了一种方法，他们安装了一些声音警告装置，夜里会发出很大的吆喝声，乍一听连我们都有点害怕。这个办法可能更加有效，因为我们发现很多动物对人的声音非常敏感，用手电照它们可能还不急着逃跑，但一旦听到我们说话，它们就会立刻逃走。

不过，这个方法的负面作用是可能让很多动物不敢下山，但好在需要大声警告的时间并不长，只集中在播种季和收割季。我们打算向村民好好了解一下，再结合野外监测评估，如果管用就值得大力推广。

保护就得去寻找更多的可能性并进行尝试。这也是我们基地存在的意义，不待在这里，不投入更多的人力和时间去探索解决问题的真正办法，保护就有沦为作秀的危险。

为了避免这样的两败俱伤，我们需要改善人与野生动物冲突。

五

其实我们基地并不是一个风景宜人、能够让人"净化灵魂"的所在。山不高，有点平平常常的林子；水不深，山间的涓涓细流一点儿不起眼；你很难套用那些形容山川秀美的华丽词语来形容这里。

除了华北豹，这里的其他动物也都平凡常见，既没有明星鸟种也没有明星兽类。即便是华北豹也比不上大熊猫、东北虎、雪豹这些自带光环的动物;甚至连山西本身,也不是一个因自然和生态吸引人的地方。

但这就是我们喜欢这里的原因。从长城到黄河,"带豹回家"之路就是由一个个这样的普通地方组成。中原汉文化沿太行山两侧延展开来,这里是中华文明最古典的存在,朴实无华、坚忍而富有生命力。

华北的生态系统与中华文明相伴共生数千年,不但是中国受到人为因素影响最久远的区域,这里的动物也是传统文化中认知度最高的类群。它们就像我们绝大多数普通人一样生活在自己的家园里,觅食或工作,繁衍或嫁娶。

所以我们几个普通人,就在这平常的地方,抱着平常心去保护这群普通的动物。毕竟我们已经彼此为邻那么久,没有道理不继续下去。

蓝翡翠咆哮着来到了我们面前

陈月龙

听说基地的规矩是离开的时候要在留言本上写点什么,想到我不会离开基地,所以之前从来没写过。

但后来我想,基地和我的每一天都不会再与前一天相同,至少可以趁我还没忘记,记录下这里人和自然每一天的样子。

让我想明白这件事的是一只蓝翡翠。

就是这只蓝翡翠,太好看了。

其实我已经等它很久了,当时我正和红山动物园的工作人员打电话,说着华北豹和豹猫的故事,好让更多人有机会在它们的新家园中看到关于保护的故事。

正在这时,天上,一只鸟咆哮着飞过,两只翅膀上各有一个大白斑,隐约看到红色的大嘴但不确定,拿着电话我脱口而出,这是什么鸟?然后我大声喊远处的武阅看鸟,等他抬头的时候已经错过了最好的时机,所以最后谁也不知道是什么鸟。

电话那头的姑娘问我:你在那里还能看鸟?听到这句话的时候,我不禁生出一种优越感。就是这么酷,每天各种鸟从我眼前飞过,不看都难,也烦。

中午吃过饭刷过碗,咆哮的声音又出现了,这次它没有飞远,而是停在了山坡上的移动基站。我赶紧回屋拿望远镜,武阅也跑了出来,我们共同鉴赏了蓝翡翠。

它停留在信号塔上继续唱歌,看起来也在发射信号寻找同伴,我们

希望它能找到搭档,然后和搭档一起变为我们的邻居,因为咱这里有全马坊最厉害的湿地。

2019年5月17日,蓝翡翠第一次出现在这里。同天,黑卷尾也来了。两天前的夜晚,我们在今年第一次被夜鹰光顾,被四声杜鹃催眠。农田中的麻籽和玉米已经发芽,喜鹊总跑到麻籽地里东啄啄西看看。

红嘴蓝鹊。

从远处看,武阅就像一个大爷在背着手视察工作。这一天也是我今年第一次在基地看到野兔,并且一天看到了两次,而武阅说他其实前几天就见过几次了。看起来野兔已经在尝试着去习惯我们的存在,甚至已经在这里安了家。

但它可能还不知道,这还不是我给它们准备的最好看的春天,基地的这16亩地正在悄无声息地发生着变化。

期待着更多的小动物加入我们的大家庭。

不过,这对于我和武阅来说不太公平,我们亲历着改变,却缺少了见证奇迹的机会。我脑海中已经把基地未来的样子预演了无数遍,不知道武阅现在怎么样。

我们每天很忙又很累,一天的工作做完,就好像什么都没做一样,可这就是基地的工作。

我们每天用自己的双手精细地创造,走路都尽量不踩到植物,杨树的幼苗被树枝堆保护，柳树的枝条被插成几年之后能成为森林的样子。带来这些改变的，不是做了什么的我们，而是没有做某些事的我们。

晚饭武阅做了蒸茄子，是在网上新学的，他说茄子如果炒的话要用太多油，会给基地的厨余垃圾代谢带来过多的压力，所以查了怎么做蒸茄子，看，基地已经在尝试改变这个年轻人了。

青羊是昨天走的，他的离开带来了新的问题：在我们的厨余代谢平衡中，青羊嗑的瓜子皮是碳元素的重要来源，而如今我们失去了这一重要来源。每种生命都在大自然中承担着自己的作用，缺一不可。

这是豹星球，需要每个人，这才是最好的春天。

给我一瓶醋，我想醋溜整个太行山

李桐

从基地回家的路上，我就一直想着要写点什么。

作为一个土生土长的山西人，虽然生活的区域与豹的距离最多也就100千米，但也只能趁着五一假期到基地住一住，和大家聊一聊，干干活，在林子里走一走。

这里并不属于人类，这里是豹的天下。

集装箱和林场已经满员，去晚了的我只能一个人去办公室睡窄沙发，不过我还肩负着另外一项使命，就是在有限的条件下为十多位同志改善伙食。两餐之后，大家都开始亲切友好地称呼我为李大厨。

左手锅铲，右手望远镜

当然，我给自己的标签仍是"鸟人"。办公室窗户最多却没窗帘，每当早上5点40分左右，天有点发灰、变亮，我就醒了。

鸟儿可比我起得早，外面已经叫成一片。穿好衣服，套上望远镜和相机走出小篱笆门，大伙都还睡着。即便昨晚夜巡回来我只睡了4个小时，仍然无法抗拒鸟儿的诱惑。

北红尾鸲会站在狍子笼舍的一角唱歌，旁边的沙棘上站着一只雌鸟，它俩可能在身后岩缝中安了家。

作者介绍

李桐

山西人，观鸟达人，基地常客，"猫盟"志愿者，外号"桐院士"。炒的葱爆羊肉比任何一家餐馆的都好吃。

北红尾鸲雄鸟。

冠纹柳莺。

池塘附近有只白胸苦恶鸟，已经整整叫了一宿。我尽量放轻脚步，想兜个圈子靠近池塘。但在我钻过围栏，靠近小溪的一刹那，叫声停止了，我只能躲在沙棘后面对着整个池塘看一眼，然后继续朝前走。

跨过公路，这一侧的杨树更加年长，十多只冠纹柳莺在树枝间来回穿越，用望远镜一只挨一只观察，不对，这一只有一道翅斑，嘴还老长——原来是只冕柳莺！

不远处，农田里突然飞起一只黄腹鹨，居然落在我正上方的树枝上。树鹨在我正前方跳来跳去，远东山雀、煤山雀变着腔调叫着，小鹀、黄喉鹀、白眉鹀在灌丛和草丛间来回跳跃。

太阳已经从对面的山顶上挪了出来，我想折回去再会会苦恶鸟，埋伏苦等后依旧无果。一群黑喉石鹏飞来，站在水边的小树上，红嘴蓝鹊聒噪的声音也四处响起。

我们的农田是用来折腾的

早饭后，大伙儿都上山收相机去了。基地剩下了陈老师、伴水、明果和我。老魏已经过来，准备在已平整好的二亩三分地上播种。魏老师教导我们每种作物该如何播种,陈老师在旁边不断念叨:"有点意思!"山西这个杂粮大省确实有意思。

干活儿时,不断有迁徙的猛禽沿着山脊盘旋迁飞,直到中午,几个人才把地种完。但我们的脸上没有流露出一丝期盼丰收的喜悦,都在想象着庄稼成熟后松鼠、野鸡、狍子进地里折腾的场景。后来伴水说,种完地后她更加同情那些地被野猪拱过的村民了。

黑喉石䳭。

白天,我们还顺路拜访了基地附近即将繁殖的红脚隼夫妇,灰脸鵟鹰会趁着我们聊天时悄悄落下来,不知道是看上了湿地里的林蛙还是单纯下来想喝口水。

稍晚些时候,我们去了小南沟。据说小南沟是经常有豹出没的一条沟。等到四五点太阳西斜,我们徒步进入。太行山脉的西侧紧贴着黄土高原,山势并不如东麓嶂石岩峡谷那般险峻巍峨,但相对深厚的土层,即便处在东南季风的背风坡,也滋养出了大片森林。

走在牛群踩出的小路上,路面矮化的马蔺还没有开花,紫色的鸢尾先冒出了头。顺着鸟叫声抬头,白扦还像冬天那样黢黑墨绿,山谷和鞍部冒芽的落叶松却透着抹茶色的淡绿,让你忍不住想多看几眼。栎树芽还很嫩,狍子们一定惦记着太阳落山后过来吃吧,我却总想着它们在秋季

红脚隼雄鸟。

变红的样子。

继续往前，发现前方草地上蹲着 4 只野兔。大家举起望远镜观察，它们并不紧张，其实有点无视我们，有两只还像

野兔打架的情景发生得迅雷不及掩耳，没拍着。

拳击运动员似的互相打闹。

远处的牛铃声响起，把兔子吓得四散逃走，我们也跟着牛群一起踏上归途。作为一个观鸟人，感觉近年去外地观察新种的欲望并不如以前强烈，反而更愿意在身边的环境里见证它们的生活。我不会看腻的，绝对不会。

我如此回忆着基地的种种。车窗外，山区的金腰燕已很难看到，掠过公路上方的主要鸟儿变回家燕。这也意味着我已经从海拔较高的山区回到山下了。是的，我是真正离开了。

豹的家园

从晋东南历山的温带森林，到晋西北出雁门关的苍凉丘壑，多种景观在山西省域内并存。左手的太行和右手的吕梁，因为国有林场的存在，森林在一定程度上被保留下来，那里是豹的家园。

很多山西人会从老一辈或者家在山区的朋友口中听到各类关于豹的故事。

在基地听陈老师讲其他地区有而山西没有的猛兽崇拜,可能是因为这里常年气候稳定,没有较大的气象地质灾害,相对于鬼神,父老乡亲更愿意相信自己勤劳的双手。相安无事,互不打扰是对豹最大的尊重。

最近村民和下山拱地的野猪的冲突趋于白热化,我思考很久,真的无法给出任何的评论。农民自身对于土地和作物的情感之深厚,我很难用自己的词汇来形容,特别是在耕地资源匮乏的山区。

土地不仅是辛勤耕耘的寄托,更是上千年来农村生活的维系,即便最近几十年农村的生活方式受到外界冲击严重,种粮收入比重越来越小,但留守人口的生活还紧紧依附于土地。但我们还是可以给豹留下一些空间,山西依旧可以作为豹分布的前哨。

我热爱山西的山水,我热爱华北的森林,我希望更多的山西人能够走进身边的荒野,见证、记录和保护野生生命,帮助它们在三晋大地上繁衍生息。

山西很难作为生物多样性热点地区而存在,但我们有发育最为典型的华北森林。

这里是豹的家园。

看,这是5月拍到的小豹子。

对不起，我不是铲屎官，
我是一名捡屎官

马甲

2018年11月初，朋友们经常找不到我，电话不通，微信不回。偶尔有人问我在忙什么，我回复一句："我在捡屎。"随后又杳无音讯了。于是，惹来白眼无数。

但是，我真的在捡屎！一直走在捡屎的路上！

我作为捡屎官的成果。

我是谁，我在哪里？

捡屎这个事，我是很严肃的。故事源于10月底发现自己关注的若干公众号都发布了同一条召集令：太行天路，等你来战。于是我脑子一热就报了名。

几天后，猝不及防，我成了太行军团的"锦鲤"，和3个大帅哥一起组成了探索太行天路的第一小分队，承担路线勘察、生态调查、人文访谈等多项任务。

作者介绍

马甲

"猫盟"志愿者，祖籍河北，长于河南，求学于北京，觉得自己与纵跨北京、河北、山西、河南四省市的太行山有着莫名的缘分。喜欢在自然中安静行走时天地之间只余我一人的畅快感。

10月底收到组委会的入选及出发通知后，我就一直处于"我是谁、我在哪儿、我居然入选了"的狂喜和惶恐中，并马不停蹄地在一天半内完成了请假、工作交接、补充装备、打包行李等各项工作，挂着两只大黑眼圈奔到北京。

11点半到北京南站，没来得及吃午饭，也没来得及跟另外3位队友寒暄，就迎来了"猫盟"老法师大猫的行前培训。

不得不承认我在前20年虽然经常参加各种公益活动，但在动物保护方面，确实是孤陋寡闻。队长趁我不备迅速扔给我纸笔，慈祥地说："好好记！"

迅雷不及掩耳，大猫老师语速飞快地开始介绍"带豹回家"项目。

恶补大猫知识

想要带豹回家，一项重要的工作就是恢复它们的栖息地。恢复的前提是充分了解：了解栖息地的生物多样性（有没有足够的食物、猎物维持它们的生存）并且了解栖息地的连通状况（豹是否可以顺利地从南到北走通）等。我们沿途需要做的，一是观察植物分布，尤其是栎树分布；二是寻找动物踪迹，主要是豹和它的口粮动物的踪迹。

最易找到的踪迹，就是粪便，其次是足迹（雪后可见）。大猫老师对各类动物的粪便进行一通科普。

于是这天的会议室里，一群

粪便样本。

人双眼放光地看着各种屎的实物和图片并热烈讨论，若是此时有人路过，可能感到非常迷惑。

完成"屎命"

野生动物不光不盖屎，还会经常把屎拉在路中间，证明自己来过。我们这一路，见到最少的是人，见到最多的是连绵不绝的山体、漫山遍野的植被和动物的粪便。

捡屎这个事情，听起来简单，其实颇有技术含量。首先眼要尖，在急行军时能及时发现地上的粪便；其次腿要好，能在重装状态下稳稳下蹲捡好屎再站起；再次手要快，要迅速摸出试管，在确保不接触动物粪便的情况下将其塞进试管，否则在检测粪便样本时，会检测到人类的DNA，影响数据的结果。

我们还需要记录粪便发现地的经纬度、海拔,最好再附上时间,编好号,妥善放回包内。

最后心得狠,当赶路或爬山已是全身酸痛、痛不欲生、生无可恋之时,发现粪便也一定要狠下心,停下脚步,认真履行捡屎官的职责,颤巍巍地下蹲捡屎!

不仅如此,而且要有所取舍,不是所有的屎都捡,一要重点捡食肉动物的粪便,二要科学规划空余屎管的数量。捡屎流程一气呵成后,还要速速追赶队友们。毕竟每天怎么也得翻山越岭走它个20千米,不能悠闲如郊游。

虽说我是名义上的"捡屎官",但同行的队友们个个可爱又有趣,经常配合我捡屎,捡屎一路欢乐多。

变种西天取经

行程伊始,我们便苦中作乐地展开联想,将大家比作《西游记》的主角。

由于摄影师冷哥的花名本就是悟空,大师兄的名号自动归他。我为了一路有充分的借口好吃懒做,积极抢了八戒的名号。考虑到队长番茄应该"先全队之重而重",加上我心里暗暗盘算,万一真走不动就把自己的行李都扔给他,于是我积极建议他任沙僧一职。至于国际友人欧阳凯,由于其他名头都被抢光了,所以决定任命他为白龙马。得知白龙马其实是条小白龙,他颇为开心。那么问题来了,悟空、八戒、沙僧、白龙马都有了,师父哪儿去了?

答案是:我们是变种《西游记》,人家的《西游记》是师父带着徒弟们去取经,我们的《西游记》,是徒弟们找师父。

师父也有两个,一是华北豹,二是步道。它们都需要我们努力寻找,把它们带回来。找华北豹师父，就需要我们一路捡屎，追随"师父"的踪迹。

万万没想到的是，本来只是随口玩笑的起名号，最后大家却各自完美展示了自己名号的特质。

悟空哥尽显大师兄风范，服从队长安排，并在关键时刻提出中肯意见建议。同时他也是全队唯一半夜还坚持爬起来拍星空的勤劳人，给我们做了勤奋的表率。

八戒也真的是好吃懒做，虽说一路风餐露宿爬高上低，孜孜不倦捡屎，还是全队唯一起水疱的人，但饭量也大涨到平日的3倍，返程时不瘦反胖，还美滋滋地觉得全程并不怎么辛苦。

沙僧一路真的是吃苦耐劳，默默承担了掌勺、背全队口粮等重大任务，同时负责与组委会实时沟通、确定并记录行进路线、鼓舞全队士气等工作，可谓又当爹又当妈。

白龙马则是个可怕的越野跑精英选手，既能负重日行数千米，又是个专业摄影师。一路既能配合队长找路打头阵，又能在队长腿伤后默默接过部分行李，并且依然走得飞快。白龙马还有空闲早早抵达最佳摄影点，跷着脚完成自己的拍摄，并且积极帮忙记录粪便的发现地点信息。他应该是摄影师里最能

飞檐走壁的小白龙，实至名归！

走的，徒步者里最会拍的。

那些屎教会我们的事情

行进过程中，大家都时刻记得捡屎和观察植物的任务。经总结，罕有人迹的地方，往往更易见到动物粪便，植物也更为茂密。但这些地方，往往也更难走，可能坡度大，可能多荆棘，可能树叶堆积甚至没到膝盖。

每当我对抗地心引力使劲往上爬时，努力披荆斩棘被刺扎得哇哇叫时，吭哧吭哧扎实踩进脚下滑溜溜的树叶堆时，前方总会有人大吼一声："马甲，有屎!"

在这种艰难时刻听到这句大吼，仿佛眼前的大地都被吓得晃动了一下。赶紧停下脚步，拽住一个队友请他帮忙取出屎管，安慰自己可以借捡屎之名趁机休息一下，趁认真记录的时候喘口气儿再勇攀高峰。

当有空的时候，大家还会聚集在一起，端详屎管，结合自己的生物学知识、大猫老师的讲解和巧巧老师给的网页介绍，猜猜这是什么屎，以及动物们拉屎时的心路历程。

这一坨屎是长条，一头儿尖一头儿圆，尖的那边应该是最后拉出来的吧？那一坨屎里面好多毛发啊，应该是吃了不少动物吧？这一泡屎绵延不绝了一路，看来是走走停停，一路走一路拉，可能它当时心里想着，这都是朕的江山？那一堆屎都拉在一丛灌木下，灌木这么低矮，这动物体格应该不大吧？

看到这些粪便，就能脑补出曾经有野生动物同我们走着一样的道路，看到一样的风景，虽未能面对面相见（面对面相见可能不是什么好事）。

但这些屎在无声说明着我们享用同一片自然，同一个家园。

我们沿途对粪便进行采样，这些屎管后期都移交给了"猫盟"，据说

与屎管告别。

会送到实验室进行分析，以便准确判断粪便来自哪些动物，甚至它们属于哪个亚种，来自哪个个体等信息也有可能被分析出。

回到北京后，整理屎管准备移交时，我感觉自己如同一个慈爱的老母亲，端详着自己的孩子，依依不舍地告别，忍痛安慰自己，它们到了更需要它们的地方。

捡屎是正活儿，看树是兼职

除了捡屎，经过有雪路段，还可以观察动物留下的另一个踪迹：爪印。可能是一排孤独的足迹，从山脚下一路延伸至山顶。也可能是多排相伴，间或有一些杂乱的其他生物的爪痕。我们会猜测它们之间的相遇，是友好地打了个招呼，还是开展了一次厮杀。

偶尔幸运，会看到林间野兔、松鼠，空中彩色尾巴的鸟儿一闪而过。还看到过两只野猪在路边冲我们吼叫，我和欧阳讨论到底是父母子女还是夫妻相伴，欧阳斩钉截铁说他认为是兄弟……

至于另一项任务植物观察，大家曾走过成片的栎树林，内心欢喜于动物们可在此处尽情成长，沉迷于满地落叶的金秋之美（沉迷仅限于平坦路段）；也误入过大片白桦林，正感慨此处真好看时被队长呼唤走错路了原路折回；也曾穿过荆棘遍布的林间和山脊，手脚收获诸多小刺，暗暗佩服植物的自我保护机制。

而这些也都被如实记录在了每日手记中转交给了组委会。

你也可以书写"历屎"

10天的行走里，时常没有信号，每天的日子就变成了纯粹的行走，大家常常各据一方小天地，要么前方探路，要么专注捡屎，要么默默拍摄。

偶尔又会走在一起闲话家常。时间变得缓慢又迅速，好像埋头走了一天，还在同一个林子里；又好像埋头走了没多久，天就已经黑了。

在城市里大概是享受不到这种纯粹的吧。有时我就静静地自己走啊走，给自己唱歌；有时又觉得太过无聊，就开演狼来了的故事，大吼一声："欧阳，有屎！"看着已经跑远的欧阳仰天长啸后无奈地打算折返而狂笑；或者八卦番茄队长的爱情故事，以及和闺女相处被嫌弃的片段，尽显铁汉柔情；或者听"悟空"冷哥分享人生经验，推测他年轻时到底有多帅。

10天捡屎生活就这么踏实又开心地过去了。

现在回想这10天，会不自觉地嘴角上扬，想到一只只的采屎试管、一座座的连绵山脉、一户户的可爱人家，只觉得时间太短。

他是美国人，用探险的方式保护中国大猫的世界

欧阳凯(Kyle)

你听说过公民科学吗？

近几年在中国，越来越多机构开始研究美国的国家步道体系，并开始试图在中国设计几条路线。

例如"地理公社"规划的从云南大理到甘肃的"横断天路"，越过整个横断山脉约2500千米，还有国家林业和草原局做的南岭国家森林步道、苗岭国家森林步道以及横断山国家森林步道，等等。

大美太行。

虽然我觉得这些项目很有趣，但是因为一直不了解这些项目的细节，因此并没有去参与。我一直在呼吁热衷户外活动的人去支持自然保护，可是不太清楚要怎么做。

直到今年（2018年）10月，我突然在朋友圈里看到了

作者介绍

欧阳凯(Kyle)

一位来自美国得克萨斯州的帅气小伙，户外爱好者。为了学习中文来到中国北京，在被雾霾摧残到哮喘的同时，他还是义无反顾地爱上了我们的美丽河山。Kyle立志通过登山和探险的方式，用自己的镜头记录下沿途的风景，让大家看到那些被人忽视的也是最需要保护的土地。

一条公众号推文:带豹回家,重走太行天路。

北京可以有豹子吗? 这个问题很值得花费10天去爬山,忍耐10天不洗澡。

Citizen Science最常见的中文翻译是:公民科学。它是一个比较新的科学概念,公民科学跟传统科学主要的不同是:公民科学是利用普通人的力量去实现一个有效的科学调查。

因为参加公民科学活动的人一般都是志愿者,所以公民科学的优势在于,它能在成本较低的情况下扩大科学研究的范围,大量的参与者也能更快完成调查任务。

从调动观鸟者做全球的鸟类年度观察,到发现新的行星,普通人参与公民科学的成果已经成功发布到《自然》及其他顶级科学期刊。

在看到"带豹回家,重走太行天路"这句话时,我就想到——终于有一个大型户外活动能够跟自然保护联系在一起了。

文章看完之后,我发现它确实是一个超有意义、在中国前所未有的公民科学活动。

50年前,居住在太行山脉的村民经常见到华北豹。后来,能见到华北豹的机会越来越少,有一些老村民说他们2000年以后都没见过。

公民科学。

"猫盟"是中国最大的太行山脉野生华北豹民间保护机构。"猫盟"的保护目标是什么? 修复荒野,带豹回家。通过华北豹的栖息地保护与修复,期待有一天在整个太行山脉都能再见到华北豹。虽然这个过程肯定会很漫长,并且面临很多挑战,但是我们已经能看到"猫盟"的一些工作成效。比如,从2006年到2013年在山西约300平方千米的一个区域,通过"猫盟"长期的野外调查与村民采访,可以确定在这个区域华北豹数量已经增加到15到18只的成年豹。

那么，"太行天路"国家步道的勘察怎么支持"猫盟"一起保护华北豹呢？要保护一个物种首先得深入了解它的栖息地情况，而深入了解某一个物种的栖息地，首先得做一件事：走。

更棒的是，我们要走约1200千米。考察全程可以分为5段，每段200到300千米，"太行天路"的路线覆盖了华北豹过去以及目前的栖息地。因此，太行山脉的路线考察也变成了一个横跨1200千米的华北豹栖息地考察。5个小组，每组出发前都先通过了"猫盟"的野外科学调查培训，然后全程收集华北豹栖息地的信息。

被红外相机拍到的华北豹，现在保护范围已经扩大到700平方千米。

信息收集主要通过两种手段。第一，用摄影机和卫星定位系统记录太行山脉的栎树森林分布与密集度。我这次学到了，有栎树的地方往往是哺乳动物最喜欢活动的地方，同时也是最可能发现华北豹的地方。即使一个地区的华北豹已经消失了，只要它有好的栎树森林，那么华北豹也有回归的可能性。第二，捡食肉动物的粪便标本，然后将粪便塞到管子里面送回"猫盟"（及其合作的科研机构），让他们分析到底是哪些动物

的粪便，以及它们的性别等信息。我们队在约150千米的路线上，捡到了
47份粪便标本。

为了保护的探险

　　本次活动就是"为了保护的探险"与公民科学存在意义的体现。通
过户外探险和以普通人的力量回馈大自然，在做自己喜欢的事情同时为
自然保护做一点贡献。

　　我们是第一组考察队，队伍里有各种工作背景的人：来自天津的机
械工程师，来自北京的前媒体出版人，以及来自上海为人民服务的小姑
娘。"太行天路"的其他队伍也同样由普通人组成，我们都通过普通人的
努力做成了仅靠"猫盟"成员无法快速完成的事情：调查1200千米中国华
北豹的栖息地。我相信，你也可以。

行走"太行天路"是为了带豹回家。

把"太行天路"第一段走完之后，我们的队长番茄跟我说了几句话："我正在做的就是将自己当一个例子，去证明这一切可能。我就是一个朝九晚五上班的普通人，所以从时间和经济上，我可以做的事情就是大家经过筹划训练都可以做的。我想很多户外活动爱好者可能都愿意去做这个事情，因为热爱所以产生了责任，保护荒野，保护家园。"

只要你愿意，你也可以参与自然保护活动，回馈大自然。

10分钟就能登顶的北京小山，
竟是这么多动物的家

陈月龙

我上小学的时候，每个周末都会去宣武区科技馆的生物组上课，主要是逛公园、进山，认植物、认昆虫、看鸟什么的。当时我的老师叫蚊滋滋，这是她的自然名。当时一起教我们的还有岳小鸦和厚皮野猪。现在宣武区被合并了，但是那个生物组还在，岳小鸦也成了老师。

2016年夏天，我忙着救野生动物，蚊滋滋在"自然之友"创办的盖娅自然学校担任校长。同时，她和曾从事生态保育工作的长角羚在山上生活。他们生活的地方是一处小型生态农场，也是盖娅自然学校的教育基地，叫作盖娅·沃思花园。

沃思花园地处平谷区的浅山地带，面对村庄，背靠一座小山。小山的第一个小山峰被命名为盖娅峰，走上去大概需要10分钟，山峰很小，即便走完整条山脊，也就需要大半天的时间。

沃思花园在山脚有个养鸡的圈舍，白天鸡会在果树下自由活动，晚上回到圈舍里睡觉。圈舍不完全封闭，给鸡留了进出的通道。起初鸡生活得挺好，但是两个月过去，开始陆续发生鸡在夜里被咬死或者丢失的情况，一地鸡毛的场面略显血腥。

这样的损失对沃思花园打击巨大。

有问题就要解决，但解决问题的前提是先把问题搞清楚。

蚊滋滋和长角羚找来了红外相机，把镜头对准鸡舍，没过多久，吃鸡的小家伙现身了。此前嫌疑最大的黄鼠狼被平反，画面中

豹猫嘴里还叼着一只鸡。

出现了一只豹猫。

后来他们咨询了"猫盟"，商量出的解决办法是，安全捕捉之后，把这只豹猫放到附近的保护区——当时觉得这里的山很小，不一定是它的栖息地，这只豹猫很可能是不知道从哪儿溜达来的个体，即便不吃沃思花园的鸡也有可能去吃别人家的鸡，那样就很有可能被人报复杀害了，所以不如将它转移到安全的地方。

诱捕笼放上之后没几天，豹猫就中招了，安全捕捉，毫发无损，并且第一时间就被送到就近的保护区放归了山林。

蚊滋滋和长角羚想着这下高枕无忧了，没想到过了几天，红外相机又记录到另一只豹猫的身影。他们照方抓药，又将其送到保护区去。谁知，没过几天，第3只豹猫来了。

安全捕捉，放到保护区去。

这下问题复杂了。开始时我们以为豹猫的出现是偶然，但现在看来并不是——这里有豹猫的种群。如此一来，把来访的豹猫转移走就不是最好的解决办法了。

这里是沃思花园，但也是豹猫的家

盖娅自然学校一直在身体力行地引导大家加入人与其他物种分享自然资源的生活方式。现在情况很清晰，这里是沃思花园，但同时也是豹猫的家。所以，虽然要花钱和付出辛苦劳动，但做出加固鸡舍防止豹猫吃鸡的决定对他们来说并不困难。

于是，问题迎刃而解。鸡舍被加固之后，夜晚豹猫无法进入；白天鸡在树下自由活动时，刻意回避人类活动时间的豹猫也不会来吃鸡。

还未养鸡的时候，豹猫的种群就已经存在，说明这里有它们的食物来源，来吃鸡只不过是因为圈舍里的鸡太容易捉了。当鸡舍被加固，从这里获取食物的难度超过捕食自然中的猎物时，豹猫和人类就可以规避冲突，共享自然。

今年，蚊滋滋找到了已经加入"猫盟"的我。她说再也没有发生鸡被吃的情况，但她想知道豹猫现在的生活情况。

我也想知道豹猫现在还在不在。毕竟现在山区每年都在飞速发展，沃思花园的盖娅峰那么小，在发展的洪流中，不知道会变成什么样——这离人最近的浅山区现在有什么物种，没人说得清楚。

我们和蚊滋滋很想为这里的自然环境多做些什么，但是这里的自然需要什么我们并不完全确定。寻找答案的第一步，就是先调查清楚这里的现状。这对"猫盟"来说易如反掌——拿出两台红外相机，将其安装在盖娅峰附近。我也不知道离人这么近的相机能不能有所收获。

两周之后，蚊滋滋给我传来4段视频，看到了4只动物。一只豹猫，两只狗獾，还有一个从草后面溜过去的家伙，我觉得不是猪獾就是貉，但实在不能确定。这次回收到的数据让我踏实，因为根据我们的"黄金定律"：豹猫还在，这地方，自然环境可以的！

豹猫还在!

随后又拍到了雉鸡——这个都不用拍，坐在山下院子里就能听到公雉鸡张扬的大叫声。

再后来蚊滋滋给我发来邮件，让我辨认一只尾巴很长的动物。我一

听就心中暗喜，打开视频，果不其然，是果子狸。现在正是山根那几排杏树成熟的季节，别说果子狸，我下山都先站那儿吃到饱才回去呢！

当我告诉蚊滋滋说这是果子狸，它肯定是来吃果子的时候，她得意地告诉我，当初在给鸡舍选择白天放养的场地时，他们特意把最上面的两排果树留下来不让鸡上去，就是希望掉落的果子能成为野

栓皮栎林中的狗獾。

生动物的食物。

看来她当初的设想成功了。她说沃思花园现在的果树是他们来之前就种下了的，这里有北方能自然生长的十几种果树，果实成熟季节覆盖了春夏秋三季，能为野生动物提供很多资源。

冬天，盖娅峰周围那片栓皮栎树林的果实成为许多不冬眠动物的食物，而我的相机就放在栓皮栎树林里。果子狸的发现让猪獾存在的可能性大增——凭我的感觉，猪獾更喜欢阔叶森林，对植物性食物要求更高，但它们应该没有果子狸挑剔，这里连果子狸都有，我猜想猪獾不太远了。

另外，貉也是我非常期待的动物。浅山虽浅，但自然资源丰富，俨然就是"一丘之貉"安家乐业的理想之处。

最近一次去沃思花园，一路行至最高的山峰，脚下岩石上的豹猫粪便不少，看来豹猫在这里过得不错。不过山顶上没什么树，都是半人高的灌木，兽道也愈发狭窄，动物们难以活动。向四

另外一台红外相机拍摄到的狗獾。

周看去,生长繁茂的树林都集中在山脚,动物们一定会下来活动。并且,山上能有的动物,我都已经拍到了。眷恋森林的狍子我不敢奢求,野猪如果存在的话,村里人一定会知道——在庄稼成熟的季节,野猪不会老实守着这些结不出果实的灌木丛。

如此一番推断之后,我决定不在山顶安相机,那么相机放在哪里就成了新的问题。我认为栓皮栎树林下是动物的必经之路,那么,不如直接把相机放在沃思花园的院里吧,看看什么动物会从山上一直下到蚊滋滋的家门口来。

不到一个星期,红外相机就拍到了刺猬和野兔。而我期待的黄鼬,蚊滋滋说老能看见它们在院子里玩,甬着急,过两天准能拍到。

来院子里溜达的野兔,这个相机就固定在我们中午吃饭坐着的长条凳子上。

当我回想为什么自己对自然中的一切充满好奇时,脑海中总会出现小时候在公园看昆虫、认植物的画面,那时候我能记住很多物种的名字、分类和严谨描述的形态特征,现在大部分都忘了,不过,对自然的感情却愈加深厚。

沃思花园是蚊滋滋和长角羚的家,同时也是盖娅自然学校的绿色生活教育基地,人们在这里亲近和认识自然,也在探寻生态友好且可持续的耕种及生活方式。而从我现在的角度看,这里也是一块自然保护地,人生活其中,守护着这里的自然生态,才能让浅山区的小型兽类活出应有的精彩。这样的浅山,很容易让我们联想到"带豹回家"。因为,这个项目最终的指向便是修复华北的荒野,而比修复更有意义的,是教育。

童年所学的自然知识都会在时间的洗礼中慢慢褪去,但建立起的与自然的情感联结永不会断。那些与自然相处的少年时光,恰是来到这个星球最美妙的体验之一。

钻风跑了趟沿河城，咋感觉心塞塞的呢？

阿飞

上山的一天总是从凛冽的早晨开始，那天我们早晨5点就动身了。大猫开车带着我、陈老师、通州大好，循着黑漆漆的公路，前往北京门头沟的沿河城。

一路上我都在睡，睡得昏天黑地。睁开眼时天已经蒙蒙亮了。车子爬上了弯弯扭扭的山路，驶过村庄，路过农家乐，山里的冷空气扑面而来。

沿河城的山地看着很雄伟，道路两侧的山居然还挺陡峭的，怪不得大好能在这里目击到斑羚这么酷的动物。

目击斑羚。

我们这次的主要目的就是找斑羚。作为"猫盟"带豹回家大计划的猎物调查单元，找到并且了解斑羚这类有蹄类动物有助于我们了解北京的生态现状。

作者介绍

阿飞

"猫盟"志愿者，别号"小钻风"。加拿大读书期间，曾利用三个暑假前往两所野生动物保护中心学习野生动物救助。当得知"猫盟"正在救助狍子后，毫不犹豫地加入，并和陈月龙老师争当"奶妈奶爸"。

河滩上的石鸡。

开启寻兽模式

永定河水自官厅水库缓慢流出,在路的一侧形成了雾白色的冰面。一些地方的冰融化了,留出了晶莹剔透的缺口,流水声不断,1只绿头鸭和3只鸳鸯在水里歇脚。

我们沿着河流行驶,期待看到黑鹳和鸊鹈之类的水鸟。

山里的早上真的是冷得不像话,但是这并不能阻碍我们寻找动物的脚步。忽然,前面的山坡上传来了某种鸟类的鸣叫。

"石鸡,这是石鸡的叫声!"大猫观鸟人的灵魂突然觉醒,他循声找了过去。

一群漂亮的石鸡出现在了对面的石坡,上上下下,有20多只。其中有一小群走到了小溪中央的石缝里找水喝。它们离得特别近,甚至能清楚地看到身上的花纹。寒冷的季节里,许多迁徙的鸟儿远走高飞了,但留鸟的美仍能点缀这个漫长的冬季。石鸡的出现,无疑霸占了当天我心中的中心位。我特别喜欢雉科的鸟,它们简直就是威武小恐龙的化身。

但是观察石鸡并不容易,一有风吹草动它们就立刻伸长脖子往回走。大猫和大好生怕它们被我们惊跑,居然不让我下车,为了看石鸡我忍了！

但是后来，石鸡还是选择了离开，不紧不慢蹦跶着上坡，跳一下飞两下，陡峭的岩壁在它们眼里好像不存在。它们一会儿就跳到我们看不到的地方去了。

毕竟有两个专家带着，不怕看不到鸟。

但是我们归根结底是来找斑羚的，抬头望望陡峭的山壁，我们有点犹豫。

不是猴子还是乖乖走沟吧

大猫和陈老师闲不住，分别找了两个山头探路，想找出一条比较容易达到山脊的路。我和大好待在原地，目击了两只金雕掠过山头，那山头正好是大好当时看到斑羚的地方。

大猫和陈老师探路无果，看似可行的路被灌木挡得死死的。

我们4人果断钻回车里，一边开一边打量沿途的山沟，如果上山不成，那就挑一条最大的沟打探一下动物的情况吧。

山沟的两侧是几近90°直上直下的山壁，大大小小的碎石占据了整个山沟。我们深一脚浅一脚地往前走，不时四处张望，寻找动物的踪迹，但只有家羊粪散落在石头缝中。两侧少得可怜的灌木把这山沟衬得更凄凉。

往里走，地貌开始发生变化。分岔路口的地表从碎石转变为细砂。

直到这一刻我才意识到，自己原来走在河床上，这延绵了几千米的碎石细砂谷底是曾经的河床，一些泥土开始出现在道路两侧，呈现出明显的U型，那是河流流经时带走的部分。

陡峭的石壁上有时会有一些山洞，高低错落。抬头观察，里面竟还有些类似钟乳石的结构。我们猜测暴雨来临时，雨水就从这些洞口倾泻而下，在石壁上绘出了淡灰色的沟壑。说不定，现在正有蝙蝠在里面冬眠呢。

大猫指着不远处的石壁，隐约可以看到小灌木和杂草丛中有一条细细的银白色小路。左右折返，在坡上画出了不明显的"之"字形。

"这样的小道就是斑羚下山时会选择的路，比起直上直下消耗过多的体力，它们更喜欢迂回下坡，走'之'字。"老法师大猫说道。

我们走到"之"字尽头接近沟底的地方，淡淡的蹄印逃不过大猫的眼睛。"不过这个看上去更像是羊的蹄子。"大猫说，而且旁边那一粒粒羊粪就是铁证无误了。

一路上，除了无处不在的羊粪外，倒是鲜有人的痕迹。没什么垃圾，一只遗留的易拉罐还让我印象挺深刻——这个山沟人来得不多。但是一些用石头垒起的羊圈还是示意着这里曾经也被利用过。只是现在都废弃了，石头掉了一半，有种说不出的感觉。动物的痕迹少得可怜，我一度以为我们选错了山沟。

"我们是不是选错沟了，这里咋没啥东西呢？"小钻风发问了。

"这条沟是地图显示最长最宽的，大梁大沟都是调查的首选，干扰少，动物可利用的空间大，要是这里都没有，别的地方也不会好到哪里去。"陈老师回答了我。

一路见到的活物只有一群上山的羊，一只跟着一只不费力地往山顶走。经过我

应该是狍子粪。

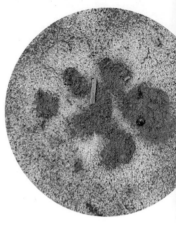

们近旁时，每一只都会停下来傻乎乎地往下看我们两眼，然后扭头赶路。一群羊几乎是复制粘贴般地做了这一套动作。羊蹄踩落的小碎石，差点砸到在观察斑羚痕迹的大猫。

但是动物痕迹还是有的，三四处豹猫粪便，四五处野猪粪便，几处疑似狍子粪便和兔子粪便。但是哪里都没有看到斑羚的踪迹。目前找到的痕迹对于这条长长的沟来说，显然是不寻常的。

疑似貉/豹猫的足迹链。

值得庆幸的是道路的情况开始变好，碎石变成了泥土，树木开始多了一些。小土沟里积攒的落叶让人甚至感到了小兴奋。难得有点积雪的地方，居然还给我们留下了一些动物出没的证据，还好，这沟不算特别糟糕。

我们在沟底走了很长一段时间，石头路走起来很费劲，脚底板很快就开始疼了，但我没吭声，怕被鄙视。不过眼瞅着这沟里也是没啥了，我们决定原路返回。就在我翻过一块大石头的时候，一眼瞟到了石头底下似乎有什么白白的东西。天呐，这难道是斑羚的头骨？

经过岩蜥老师的鉴定，这的确是斑羚的头骨！也就是说，这片山沟里，虽然动物的丰度不高，但是大好的目击加上这次的头

经过岩蜥鉴定，就是斑羚头骨无误啦！

骨，很显然表明了斑羚的存在。在这看似并不够丰美的地方，或许正是适宜斑羚的居所。

　　沿河城的地貌比较特殊，处于大断层，以岩石为主体。不知道曾经的沿河城是否也和现在一样看似一无所有。但这或许就是它本来的样子。而动物们例如斑羚，早就适应了在我们看来贫瘠匮乏的土地。

　　不过我也没有特别郁闷，真正厉害的动物哪能让你轻易找到。我们还会再去沿河城，装上相机，寻找悬崖峭壁、乱石灌木里隐匿着的动物。

　　但是不得不提一句，我们一路上看到了不少开发情形。人的行为必然影响到动物。动物很顽强，给一点雨露就能生长。但是这不代表我们可以没有限制地压缩属于它们的生存空间。

　　它们正在慢慢变少，这不用质疑。因为曾经的沿河城一定比如今的更有生机。我希望这些神奇的动物不过是不愿被我们发现，而不是永远地消失了。

"猫盟"保存的为数不多的斑羚美照。

大型兽类缺失，空林正在形成

宋大昭

10天前，我上了趟北京松山。

不久前我们的"带豹回家"工程开始和"太行天路"的兄弟们合作。他们在考察太行步道的同时，还帮我们沿途搜集食肉动物的痕迹并且考察植被情况。

而这次我们上松山的主要目的就是去找豹猫。

一

松山，位于北京延庆区西北部，在与河北省怀来县的交界处。

之前北京大学的罗述金教授跟我们商量，说她家后面的山上就有不少豹猫粪，为何不一起研究北京的豹猫呢？

罗教授是世界自然保护联盟（IUCN）猫科专家组的成员，在猫科动物遗传研究方面很厉害，在虎、豹、荒漠猫等物种的演化方面有很多成果。

她很想知道北京豹猫在野外到底是什么情况，活动范围多大、个体之间的关系、生存所需条件如何，等等。

说干就干！

毕竟"带豹回家"这件事，和豹的小兄弟豹猫是分不开的。

在北京，豹猫曾是广布物种。

过去，就连通县（现已划入通州区）这种纯平原地带都有豹猫。

豹猫。

虽然现在平原农田地带的豹猫已消失殆尽，但是在离山不远的荒野地带，比如密云水库和野鸭湖（官厅水库）还是有豹猫活动的。

我们常说豹猫是森林和生态文明的底线。一来，豹猫总体来说还是森林型的物种，它们的状况直接反映森林的现状；二来，它们很容易受到人为干扰、特别是盗猎的影响。

如果一个林子里还有豹猫，那至少说明打猎还没有太严重。林子够大的话，生态系统的恢复还是有希望的。

经过讨论，"带豹回家"在北京的工作主要包括三个部分：

1.潜在栖息地评估；

2.猎物评估；

3.有关标志物种的调查研究与公众传播。

豹猫无疑是标志物种的最佳选择，因为我们是"猫盟"，豹猫又这么可爱，我们总不能挑个貉或者狗獾来做图腾吧。

斑羚也是，如果它们还在，那说明打猎的情况还不是那么糟糕。

这片山位于太行山和燕山的过渡地带，属于燕山山脉的西麓。

松山有一个国家级保护区，根据过去的调查记录，这个保护区拥有北京所有的现存物种，包括斑羚这样的高级选手。

在这样的地方观察豹猫还是挺有意思的，这里的环境在北京颇具代表性——虽然人为干扰程度较高，但山林还在。

二

这是我们"猫盟"第二次上松山，第一次是陈老师和罗教授去的，同行的还有大牛和国际雪豹基金会的工作人员。我本来以为他们也就是去山沟里随便走走，结果他们天黑了才下来，来回走了20多千米，海拔上升了1000多米，吓了我一跳。这是做调查吗？这不是玩户外穿越吗？

但是，那次他们捡了不少粪便，据说有30多份，经鉴定有20多份是豹猫。罗老师她们在这里安装了红外相机，目的是获得豹猫和其他动物的影像。理论上豹猫也是可以做个体识别的，过去我们从来没有去做这件事情，但我觉得搞清楚北京到底有多少只豹猫也是一件有趣的事情。

刚开始我猜测这条山沟虽然很长，但两侧的山坡过于陡峭，不大像豹猫的可用栖息地，平坦的沟底，可能也就一两只豹猫在这里活动。但山脊上可能有几只豹猫，因为长，且有些山坡比较平缓，也许能容纳更多的个体。

理论上粪便样本能提供很多基因方面的信息，但是如果样本不够新鲜，就可能得不出那么多有价值的信息，所以还是需要红外相机的帮助。毕竟看到一只活生生的豹猫比看它们的粪便有趣多了。

个体识别说起来简单，但豹猫斑点都太小了。你们觉得这俩是一只么？

　　说实在的,他们能捡到30多坨屎,我还是挺震撼的——这说明豹猫可能比想象的多。但也有不好的地方:小型食肉动物繁荣兴旺,说明大型食肉动物很有可能是缺失的。比如我们在山西马坊,也能看到豹猫屎,但并不多,豹子似乎会压制豹猫的数量。不过,我本来就对松山能有豹子这事儿不抱希望。虽然松山有过金钱豹出没的记录,也有一些足迹的照片,但那都是至少20年前的事了。

　　从"带豹回家"的角度来说,我还想知道,这地方除了豹猫外,有蹄类情况如何,如狍子、野猪,特别是斑羚。所以,这次我打算上山看看,毕竟他们上次走了20多千米装了好几个相机,总能拍到点什么吧。在北京,我们在西边的门头沟、东北部的怀柔、东边的雾灵山、中部的风驼梁都安装过相机,唯独松山这一片从未涉足,我还挺好奇的。

三

　　上次上松山,一直在下雨,又冷又湿,而这次正好来了寒流,据说延庆城里都零下十几摄氏度,山上更别提了,我估计起码零下二十几摄氏度。

华北豹的食材。

前些年在小五台山做冬季调查，我们也碰上了寒流，那次我和明子、鹳总、小昭都哆嗦出了腹肌。于是我试探着问："要不咱别去了？等暖和点再说？"罗老师开心地说："那咱们多穿点。"好吧，那就多穿点吧。

12月9日，我们准备一早就上山。计划从峡谷的另一端上山，穿越整个峡谷。那边的海拔是1400米，我们会上到1800米左右，穿越峡谷出来后下降到600米左右。看上去比他们上次爬升1000多米轻松多了。我又多带了4台相机，计划在上次他们没走到的地方补装几个。

5年前我曾和明子、张瑜老师、小昭来过这里。我记得这里曾是很大的原生态山地，除了山下有村子，山上是不错的林子和草坡，我随便爬进林子里就看到了不少狍子粪便。而现在，这里模样大变。穿过一片工地，我们终于找到了上山的路。还好，那天没刮风，所以体感还行，没觉得特别冷。

只要上了山，大自然就总会有所馈赠。

在山顶，我们看到3只秃鹫，一开始它们在远处的雾霾上飞舞，然后就飞了过来，从我们头顶掠过。虽然林子里已经没有了顶级猛兽，但天空中还有顶级猛禽，这就是北京。

豹猫当然是拍到了。

豹猫，这次拍到的多个个体之一。

但令我吃惊的是，在相机一个月的工作周期里，除了豹猫，只拍到了一次貉和一次野猪。哦，还有只岩松鼠，那个一般可以忽略不计。

我走过那些

相机点位，这些位置要是在山西，就会拍到狍子、野猪、兔子、狐狸还有豹子；如果是在新龙，就会拍到鬣羚、水鹿、毛冠鹿、林麝、马麝、岩羊、豹子、金猫、豺、豹猫、貂、棕熊……但是在北京松山，常见的居然只有豹猫。

除去獾、果子狸因为冬眠而不会被拍到，居然没有一只狍子，更没有我期待的斑羚。这就是北京的现状。不过我在山上看到了狍子的痕迹，所以有蹄类应该还是有的，只是数量和野猪一样，似乎非常少。

大型兽类缺失，空林正在形成，这就是北京。

装完最后一个相机后，天已经全黑了，我们都安全下了山，没被冻死。这一天我打了50个标记，其中绝大多数是疑似豹猫粪便。看来豹猫的日子过得还行，至少现在还是。

四

故事当然还没结束，北京豹猫的观察才刚刚开始，"带豹回家"这事儿一旦起步，就不会停下。

不过下次我决定还是让陈老师去爬山，如果天气还是这么冷的话。

豹猫找到了，可是我腿去哪儿了呢？

阿飞

3月2日，跟着大家上了一趟海坨山，然后我就"死"了一个礼拜。这个山实在是太难爬了！不咆哮我都觉得对不起自己的两条腿。那天全程一共是15千米，海拔下降1000多米，对于我这个菜鸟来说，很有挑战性。

刚上山的时候一切都很美好，雪地花白，宁静安好，地上一串的兔子脚印，深浅不一，场景很梦幻。很快我们又看到了有蹄类的脚印和小型兽类的足迹链。

黄鼠狼的脚印。

爬山嘛，总归要向上的。我们很快开始上坡，随后"两脚兽"不得不进化成了"四脚兽"！

虽然雪很厚，但是这似乎不影响兔子的活动，我们所到之处都有许多兔子脚印穿插于树林之间。

相反，我们发现豹猫不喜欢这样冻脚的地方，可能是在积雪里行走比平常费力又费时的缘故。在有雪之处，豹猫的脚印比较少见，粪便也是。

到了阳坡，温度突然上升，积雪融化，路上出现的粪便明显增多了。根据小蔡的记录，我们在海坨一共捡了40多份粪便，相当不错。通过分析这些粪便，我们可以知道这里大约有多少只不同的豹猫个体。

豹猫兴旺，说明这里的林子还是不错的。只不过，小型肉食动物的繁盛可能意味着大型肉食动物的缺失。大型有蹄类目前看来也有所缺失，虽然狍子的脚印的确存在，但是我们并没有拍摄到它们。

谁说只有大猫才酷酷的?

令人意外的是,我们还未进山时其实就"收获"了一张完整的斑羚皮!当时,野狗从大海坨自然保护区内猛地跑上马路,嘴里叼着一个黑色的巨大物体。大猫一个急刹车,二话不说就下车追

斑羚皮,还挺完整的。

这么多脚印，怎么也得拍到个"本尊"吧。

年龄比较小的野猪。

一月底，貉已经醒了。

漂亮的雄性勺鸡。

狗去了，最后抢下了一具斑羚尸体。

这具尸体没有残留的肉体，但是皮和四肢还在，匪夷所思。不过，这已经是足够的证据，证明这里有斑羚。

在我们安装的12台相机中，有10台拍到了豹猫，令人欣喜。而且除了豹猫，我们还拍到了许多别的动物。

除了松鼠和乌鸦，红外相机还记录到了貉、几只不同的野猪、黄鼬、野兔、勺鸡。

其实，我们非常希望可以拍到狍子，毕竟它们是华北豹最爱吃的食物。然而，除了形似的脚印，我们并没有看到狍子的粪便和红外照片。希望我下次去收相机，能够好运地记录到它们。

工作完成，我们开始下山，到了山脚下，我们沿着层层推高的冰面走了几段，冰面呈水蓝水绿色，幽幽地泛着光，很漂亮。我们在这里丢失了一台红外相机，所以数据也就没有。

等我们到达终点时，天已经黑了，需要用手电。虽然行程几近结束，但是罗老师的捡屎小队看到粪便依然会弯下腰打点、记录。

一路上，我们没有看到用来捕猎的夹子和套子，整个行程没有令人心疼的瞬间，挺好的。我们所到之处的小动物都过着自己舒服的小日子。

海坨山主要的人为干扰来自游人,山里没有大量的畜牧业、采中药和打山等行为。海坨体现的是典型的现代大城市周边的自然环境。

只是,已经离开的动物就再也不存在了,相信这里应该是有狐狸的,有猪獾、狗獾的,当然也有过华北豹。没关系,日后,我们会在山下装一些相机,看看会不会找到其他神奇的小家伙们。

这次豹猫的出镜率让我们很满意。作为一种广布种,它们有着很强的适应能力。只要将人为的干扰控制在一定程度之下,保证食物链的完整和栖息地的连贯,它们就会欣欣向荣。

事实也证明,豹猫的确在这里努力生活着,和所有野生动物一样,用尽浑身解数,为自己谋得一小片天地。

那么我们呢?我们在未来该怎么做才能留住山里的星星之火?留住它们的家园呢?

这个问题值得我们去思考,并且需要一起思考。

努力思考的豹猫。

这也是北京:鹤群飞翔,遮天蔽日

阿飞

总说第一年观鸟是最带劲儿的,因为你什么鸟都不认识,沉浸在拍鸟和识鸟的大海里,看到什么都兴奋。

我在2018年11月11日有幸体验了一把这样的美妙——大猫老师带我去官厅水库观鸟。

早晨7点,我已经来到官厅水库。眼前是一望无际的农田,金闪闪地泛着光,一块又一块和湿地交错着。两侧的玉米地残破不堪,晒得发白的玉米秆子还歪歪扭扭地坚强挺立着。唯有芦苇还保有一些活力。

大天鹅翩翩起舞。

芦苇比人高,又十分密集,给动物提供了很多隐蔽的场所。它们都很乐意在芦苇地里穿来穿去,比如下图这只雉鸡。麻雀则更喜欢在芦苇秆间蹦来蹦去,你一句我一句,生怕别人不知道自己在那里。

当车穿过农田来到湿地,我们马上就看到了灰鹤——数以千计、遮

哎呀! 我被发现啦!

天蔽日的灰鹤群。

从远处望去,我只能在芦苇群中瞟见细长的鹤颈。它们在被芦苇包围着的农田和湿地里歇息,梳理羽毛。长途迁徙消耗了它们大量体力,官厅水库则恰好提供了适合它们的生境。所以候鸟大部队纷纷飞来这里调整状态。

鹤属于涉禽,细长的腿适合在滩地和浅水活动、觅食。杂食性使它们在这样微冷的季节里依旧可以找到食物。素食为主的灰鹤在冬天寻找着水里的根茎、块茎、水生植物、芦苇根叶、小鱼小虾,还有农田里残剩的玉米粒。

看着眼前起起落落的鸟群,喜悦油然而生。鹤群飞翔时身后的背景往往是远处的城市和玻璃建筑。人与自然和谐共处,仿佛在那一刻有了最好的诠释。

白头鹤。

除了灰鹤,我们还有幸在拍摄的照片里找到了零星的白枕鹤和白头鹤。据目测,各种鹤加起来至少有2000只。它们从更远的北方,例如西伯利亚,通过东亚迁徙路线来到北京。

温度的变化决定着它们逗留时间的长短。2017年的11月份一直到2018年2月份都有灰鹤在官厅水库,1000多只鹤会选择在这里越冬,到了三四月份天气转暖时再回到繁殖地。

大概是新人观鸟,运气好。我们在一群灰鹤旁,发现了大鸨!我居然在野外看见了自己最喜欢的鸟!大鸨在国内一共也就三四百只,国家一级保护动物,非常珍贵。有幸在野外瞥见一眼,好激动!

雄性大鸨在繁殖期会有白色的"小胡须",一身华丽地舞蹈、求偶。

观鸟本可以更温柔

不得不提的是,一同观鸟的还有另外6辆车。车子行驶在不平坦的路面,发出了不和谐的噪声。离车还有1000米左右,鹤群忽然四散飞去。心里有些小抱歉,毕竟它们是来这里休整的,多次惊扰对它们有害无益。所以,后半程我们不再试图靠近鹤群。

但是其他的观鸟者似乎有点心急,慢慢靠近大鸨,希望拍到更好的照片,最后大鸨也选择了离开,起身飞去了更远的地方。

观鸟的确让人着迷,但欣赏时也要尊重动物,做到合理、理智地拍摄。如果过多观鸟者蜂拥而至,对生态的破坏和对鸟群的惊扰程度可想而知。

除了大鸨以外,我首次观鸟还看到了4种猛禽:猎隼、红隼、灰背隼和白尾鹞。

猎隼在这里不太多,只遇到了一次,它体形较大,在空中较高的位置飞行,速度比较快。大猫说我能够看到猎隼,运气还是不错的。看见红隼的次数比较多,而且可以看得一清二楚。因为红隼喜欢在较低的位置悬停,小脑袋总是不停地转来转去锁定猎物的位置。当红隼看准后,便

左雄右雌的一对猎隼。

会果断地俯冲下去逮老鼠，然后起飞到一边的石头桩子上享用大餐。

白尾鹞也比较容易观察到，它们喜欢贴着芦苇，或者在离田地很近的高度搜寻猎物。飞行时，尾羽前的一抹白色十分显眼。

在空中、田地里涌动着的，还有无数的雁鸭类和天鹅。

在我看来，这里的生境非常单一，就是农田和芦苇湿地。但是就是这个看似简单的湿地滋养了各种鸟儿。

白尾鹞在搜寻猎物。

美若天仙的大天鹅。

一天之内,我们看到了59种鸟。这数量对于观鸟老手来说不算很多。但是对于这片面积不大的农田湿地来说,显示了它不容置疑的包容性。

它们仍在伴人而居,我们呢?

湿地是地球之肾,它净化了水源、改善了水质、调节了径流的大小,还能调控小范围气候。湿地具有多种多样的生态功能,而且每一种都至关重要。最关键的是,有太多的动物依赖着、仰仗着湿地和农田繁衍生息。

可能有些事只有亲身经历过后才能深刻体会。

身处荒芜的荒野之中,周围仿佛空无一物。但是一旦拿起望远镜,跃动在眼前的便全是小生灵忙碌的身影和一个满是色彩的世界。那种感觉,让我觉得如果世界上只有人类,那我们一定是孤独的。这些鲜活的小生命点亮了荒野,它们随着世界的变化而变化,每一天都为生存而努力着。

对于人,湿地是一处消遣的美景,可是这里有动物的鸣唱,它们在这里交流、捕食、繁殖。如同小五台山羊圈大桥湿地,官厅水库也经历着人们的修复,渐渐变了模样——这里将变成华北最大的国家级湿地公园。在修复过程中,水库的水质受到政府的关注,目前已经从IV类恢复到了III类。

年复一年,候鸟依然选择来到这里休息,数量最多的是灰鹤。灰鹤、大鸨、白头鹤、豆雁、天鹅、赤麻鸭……它们实际上还在伴人而居:收割后的玉米地上散落的玉米粒,为这些鸟类提供了过冬的能量。这是千百年来的进化中,鸟类学会的适应人类农耕文明的生活方式。

为了继续提升水质,解决农药和化肥的污染问题,库区内的农田将被清退，这意味着灰鹤赖以生存的主要越冬食物会越来越少。

这会不会又是一个令人难过的故事呢？我想这次或许不会。

我从科研人员处得知，在清退农田、退耕还湿的同时，管理部门会综合环境保护机构提供的情况，适当地投喂候鸟，弥补因农田改造造成的食物短缺。

在官厅水库出现的凤头百灵。

动物保护人士和专家组已经向政府提出了针对候鸟栖息地的规划意见，希望在建设生态景观林、护岸防护林、水源涵养林时，尽可能地合理安排树木种植的范围和密度，将野生动物的需求纳入建设的一部分，把重要的滩地栖息地和开阔的空间留给候鸟，不过分地改造目前的湿地生境和生态结构。我们需要正确合理地利用环境，因为我们都知道，盲目的建设不会细水长流。

人与动物确实需要时间去磨合，但我相信一片美好的湿地，不该我们独自占有。希望在未来，动物们仍然能够使用这里，每年都如期而至，拜访这个属于我们，也属于它们的北京。

美丽的夕阳，本就该人与动物共同享有。

如果你是陈老师，全世界都会是你的小可爱

陈月龙

今天（2018年6月29日）早上上地铁之前，我拍下了这张照片。水中圆头细尾巴的是蝌蚪。蝌蚪虽然常见——你肯定见过池塘里密密麻麻游动的蝌蚪队伍，不过对于在北京生活的我来说，在这个季节还能看到蝌蚪并不容易。这是北方狭口蛙的蝌蚪，我们一般亲切简略地叫它"北狭口"。

地铁口的小蝌蚪。

北狭口是一种比较神秘的蛙，很少被人看到，出现在地铁站旁季节性积水的排水沟中更显得蹊跷。每天从这里坐地铁上下班的人群来来往往，没有人留意过北狭口的存在，但实际上它们就生活在这里，生活在我们的身边。

这是我第二年在这里听到北狭口寻觅配偶的歌声了，我也相信在我搬到这里之前，它们就已经生活在这里了。即便大兴土木也没有动摇它们的根基。虽然它们生活面积有限，只能栖息于被公路夹在中间的高架桥下的长条绿化带，但好歹还是顽强地活了下来。

这一片绿化带是以侧柏为主的小树林，地面铺着不算厚的侧柏的鳞片状树叶。在侧柏生长的空隙，长出一些臭椿之类的落叶树木。不同于侧柏的四季常青，它们会在冬天掉落叶片。阳光透过枝叶的空隙洒落在地面上，让林下植物在树木的休眠期利用阳光放肆生长，形成茂密的灌丛状植物群落，让小型动物有藏身之所。

不算多样的生境给不同类型的动物提供了活动空间。小树林最外侧的公路边是高大的杨树，喜鹊和灰喜鹊在这里辗转；麻雀、金翅雀这样的小鸟更多活动在矮一些的侧柏林中；我还没有在林下偶遇小刺猬，但我想它们大概时不时在这里溜达；植物茂密的区域躲藏着更多的昆虫，

给隐秘地生活在落叶下、土层中的北狭口提供了丰富的食物。

每年的6月底7月初，伴随闷热天气而来的雨水激活了北狭口——它们是北京繁殖最晚的蛙。

生活在山区的林蛙，每年三四月就开始了鸣唱和繁殖，选择到7月才开始恋爱的北狭口，看准了雨季积水形成的小水洼。这种短暂的水体虽然充满偶然性，但不像池塘那样竞争激烈。北狭口的蝌蚪生长迅速，只需10天，就可以完成蝌蚪到蛙的变态并成功登陆。

变成蛙之后的北狭口开始深居简出，大部分时间都躲藏在落叶倒木下或者泥土中，只在夏夜外出寻找食物，我甚至难以理解它们一张小嘴如何把自己吃得这么胖。本就圆鼓鼓的它们，在遇到危险的时候会整个膨胀得更圆，好让自己显得很厉害。

据说一天时间蛙卵就能孵化成蝌蚪。

地铁站旁边的排水沟是用水泥板砌成的，公路上的雨水会顺着地势流到水沟中，汇集后进入排水系统。排水沟中难有真正的积水，除非连续的大雨，否则高温很容易把水蒸干。下雨时，北狭口的蝌蚪会在很浅的水中游动，身体在水泥石板的映衬下显得很清晰。天气转晴，通向地下的排水口成了最后有水的区域，蝌蚪便随水聚集在这里，密集地漂在水面，在水完全干涸之前变态成蛙。

虽然看起来千钧一发、命悬一线，但我并不为它们感到担心，这是它们经过多年演化，在大自然的选择下寻找到的生存方

圆鼓鼓的北狭口。

式,甚至值得被赞美一句"艺高人胆大"。但我担心环境的变化。自然环境总在发生改变,但如果变化太大太快,野生动物们也很难适应。

在我观察北狭口的时候,目光所及满是垃圾,甚至我想拍张画面中没有垃圾的蝌蚪照片都很困难。为了保护这些生活在我们身边的北狭口,我想做的很多,但我知道,更有效的是,我们应该不做一些事情,比如我们都可以不随手丢弃垃圾。

在不出野外的日子,我去办公室单程需要两个小时,我想很多人也是如此。当我乘坐拥挤的地铁时,地铁口排水沟中的北狭口蝌蚪也有自己的故事,即便我要晚上10点才下班回来,北狭口也会唱歌等我。闷热的雨季,雨滴溅起的泥点,就像北方狭口蛙留给我的礼物。

北狭口并不稀少,只是行事低调而不为人知。在北京,只要在正确的时间和季节,在很多地方都能找到它们。关注它们,也是在关注我们身边的环境。

保护,不该亡羊补牢!

从前，鼯鼠也多如繁星，点亮过山谷的夜

黄巧雯

2019年5月的第二个周末，大猫、大好、我和阿飞去了一趟雾灵山，这次北京周边的小调查，用了一天一夜。我经历了人生的里程碑事件：见到了鼯鼠！

时间回到周六（5月11日）晚9点，我们在雾灵山开始以20千米的时速夜巡。这里是鼯鼠遇见率高达90%的地方——除了大好本人没见到，所有经他的指引而去的人都看到了。

在找鼯鼠这件事上，大好是非常认真的。最夸张的一次，他和张瑜老师夜行3.8万步，接近18千米——然而仍旧一只都没找到。

出发之时，大好的期待与忐忑可想而知。

鼯鼠在哪里？

我们全程只有一个头灯、一把手电，大猫荣任驾驶，我坐在驾驶后排，阿飞和大好照看另外一边。

出发之时，山里已经响起温柔的雷声。我们并不以为意，而是更在意出发时那山谷里响起的灰林鸮的叫声。

此番夜巡，无论是鼯鼠还是灰林鸮，我们的"猎物"都在树上。和在平地邂逅赤狐、狍子、豹猫这些陆地

作者介绍

黄巧雯

网名"巧巧"，"猫盟"CEO，"和顺糊嘟"代言人。2016年作为志愿者与"猫盟"一起进山，因缘巧合开始担任"猫盟"CEO一职至今。工作狂人，为了"猫盟"发展与华北豹保护事业鞠躬尽瘁。

生物不同,这次的巡视主战场在树上。

雾灵山的柏树、落叶松等都高大挺拔,此时新叶已生,遮天蔽日,尤其阔叶林的林冠层更是透不进光的存在。

我扒着窗户抬着头,顺着树尖从上到下扫视一遍,再平移至下一片区。黑暗中一片又一片的搜索后,大好又开始不淡定了,长吁短叹的,生怕自己再次和鼯鼠无缘。突然,一个石坡上带着亮点的黑色身影站了起来,像大个的黄鼠狼!

"停车,往后倒!"当我再次对上那双亮晶晶的眼睛时,我的第一感觉是,真像旱獭啊——身形灵活但是确实又有点厚重。

它有点受惊,一会儿想伏低身子,一会儿站起来想躲到石头后面去,一会儿直接站上了石头。别着头,厚重的尾巴"唰"地垂下来,车上的所有人瞬间确认,是鼯鼠无疑了。

旱獭状的鼯鼠。

时间仿佛停止了,我们像最业余但是又最虔诚的狗仔队,观察、拍摄、惊叹。过了好一会儿,大好说:"下车吧,鼯鼠不怕人,我们下车看。"于是,我们与它的距离缩近到五六米。

大猫说:"我都能看到它叠起来的腹膜了。"

阿飞依然端着8倍的大口径双筒望远镜:"啊,鼯鼠原来这么丑啊!哇,尾巴这么长!"

大好张罗着拍照的点位。

好景不长,雨哗啦啦地下了起来。我们在雨里站了好一会儿,眼看它躲进了石缝,才赶紧上车离开。开出200米,我们突然意识到,这么大的雨也看不到啥,为什么不回原地等雨变小再继续观察呢?

雨势稍小,我们又调低车窗寻找它的身影。它站得高了一些,似乎有点受惊,开始攀着石头往树干上爬,一会儿又在树上紧张地张望。

雨顺着车窗的空隙刮进我们的袖口、领口,脸也被浇得湿漉漉的。后来我们索性下了车,只见它在雨中越爬越高,大尾巴忽而垂下来、忽而收在一侧。眼看它越爬越高,却又没有离开的意思,我们这才反应过来:赶紧走吧,别影响它躲雨了。

见到了䴓鼠,大家都觉得任务完成,可以回去睡觉了。大好的睡意涌上来,闭上了眼睛。我和阿飞仍在不断搜索,树真高啊,我们的脖子都快要拗断了。小雨中的树、石头都有亮晶晶的反光,看得我们的心一揪一揪的——到底是不是动物呢?

但是当我迎上动物的眼睛时,所有的犹豫都会荡然无存。太亮太灵了,岂是手电造成的雨水反光所能比拟的。没多久,一双眼睛在一棵阔叶树的树冠层亮如北斗,我心神一紧,䴓鼠!

倒车回去再搜寻,只剩一只眼睛与我们对视的它藏在树里,就像一颗星星在树里眨着眼睛。我突然对夜空的星星都有了另一种感觉——在䴓鼠很多的从前,一道闪电划过山谷,许多树都会亮起星芒吧。

这只䴓鼠距离第一只有五六百米的距离,它出现在了最典型的环

看这探照灯似的大眼睛。

境——树上。它的攀缘、隐蔽、滑翔，各项技艺尽显无遗……

技艺满满的鼯鼠。

最后，我们4个人的脖子都快看断了，才心满意足、依依不舍地离开，留它尽享夜间的美食。

大猫像饱餐了一顿，一边欣赏相机里的鼯鼠，一边说："哈哈，我觉得雾灵山可以不用来了！"

当然，我们都没有当真。因为这里有3种鼯鼠：沟牙鼯鼠、复齿鼯鼠和小飞鼠，我们只看到了一种；这里还有灰林鸮、雕鸮、红角鸮；还有蛇、豹猫、猪獾、狗獾……

大自然就像一个大大的糖果罐子，吃着任意一颗糖果就像赢了全世界，但是总有不同滋味的糖果会吸引我们一次又一次地悄悄潜入，打开它的封盖。

我不需要五灵脂

出发之前，阿飞做过功课。鼯鼠作为一种体形巨大的"松鼠"，不太怕人，它们在许多分布区都遭受了严重的猎杀。鼯鼠的粪便是一味药材，俗称"五灵脂"。为了采集"药材"，有一些山里的鼯鼠被当作原材料提供商，从而延续了余脉。

我们没有去捡它的屎，也没有去找。对我们来说，它的生机就足够治愈了。

100颗夜巡的柠檬,错过你就真酸了

宋大昭

夜晚是一个与白天截然不同的世界。

白天走在路上,路边有树木,路旁是河流,河那边是农田,田里有农夫在耕作。再远处是山,山上草木苍翠。

到了夜晚,只有车灯前那一小片地方被照亮,除此以外全都是黑暗。黑暗中藏匿着无数的生灵。

我们喜欢在夜间走出驻地,去那个和白天不一样的世界转转,并借此窥探夜世界的一点点角落。

长耳鸮。

复齿鼯鼠。

这种夜间观察野生动物的活动,被很多自然爱好者称之为"夜观",我们称之为"夜巡"。因为我们以车代步,开车巡游,以20—30千米的时速,一晚上可能开出几十至上百千米。在车上,我们会用手电扫视车子两侧,如果有野生动物透过光线看向我们,我们就能发现它们,因为它们的眼睛会反光,非常明显。

我最早的夜巡是盆哥带着我在四川若尔盖进行的,那次我们看到了赤狐、毛冠鹿、果子狸、复齿鼯鼠、豹猫、荒漠猫……从此之后,夜世界的大门向我敞开,每年夜巡见到的物种逐年增多:四川的水鹿、马麝、鬣羚、斑羚、水獭,安徽的小鹿,江西的斑林狸、豪猪、鼬獾,内蒙古的跳鼠、艾鼬,以及山西的豹猫、狍子、赤狐……

斑羚。

艾鼬。

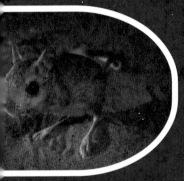

跳鼠。

狐狸。

有时我们会看到午夜飞行的猫头鹰,有时我们会下车行走,查看路边水沟里有没有幽幽泛光的蛇和蛙。

夜巡也是一种调查方式

日子久了就会发现,夜巡是个不错的调查方法,能够很直观地了解当地的生物多样性现状。

比如同样在华北,我们对比和顺县马坊乡、小五台山保护区、北京门头沟3个地方就会发现,同样是晚上在山区公路往返开五六十千米,在马坊乡我们通常能看到三四只狐狸,一两只狍子,兔子若干,运气好时能看到豹猫和狗獾;在小五台山,我们也能看到狐狸、狗獾、兔子,豹猫的遇见率也不算低,但次数可能比马坊乡少一点;而在北京门头沟,我们基本一晚上什么都看不见,运气好时能看到一只兔子或者刺猬之类。

这种夜巡的观察结果和红外相机拍摄的情况很接近,动物多的地方,无论是红外相机还是夜巡,收获都比较多,反之亦然。因此在上山安装相机之前,我们都会先在晚上去转转,几圈溜达下来,这地方怎么样心里基本就有数了。

夜巡也是一本买不到的百科全书

夜巡也是个观察动物习性的好机会,我们可以知道动物的活动会受到哪些因素的影响。

　　比如说月亮很亮的晚上，我们看到的动物通常比较少，而雨雪后初晴的夜晚，则会有很多动物在路边的空地上活动。一般来说冬季、春季、秋季看到动物的概率相对大一点，夏天比较难，但我觉得这主要是因为夏季草木繁盛，阻碍视线不易观察。

　　夜巡时动物的行为也很好玩。只要不是距离太近，动物通常并不急于逃跑。由于手电是一个强光源，我猜它们实际上看不到我们。

　　它们也许还是会把车辆和人类挂钩，认为汽车是个威胁。但我发现只要我们不说话，它们就不一定会立刻逃跑，人类说话的声音对动物而言才是最直接的危险信号。

　　只要它们不急于逃跑，我们就可以观察它们。鹿这一类的动物比较优雅，无论是大个子的水鹿、中个子的狍子还是小个子的毛冠鹿，表现都

在白雪中奔跑的藏狐。

很接近。它们通常吃几口草，抬头看看，然后再低头吃草，可能会逐步走远，但总体而言是不慌不忙的。

不出声，小啮齿类都能拍着——坎氏毛足鼠。

但麂和麝就不那么淡定了，一惊一乍的，总是一跳一跳急着逃走。只有一次我们在安徽九龙峰保护区遇到一只小麂，它像一只很正宗的鹿在那里吃草，与我们共处了一段时间。

羊这一类的动物就比较傻。鬣羚基本就是个傻大个儿，愣头愣脑的；羚牛也差不多，还有什么岩羊之类。通常遇到它们我都没什么兴趣多看，虽然个子大，但绝对属于我们夜巡的"鄙视链下端"。

猫科和犬科动物里面常见的主要是豹猫和赤狐。猫科动物总体来说要比犬科动物气质高贵很多，无论是豹猫还是荒漠猫，它们通常都会选择淡定地端详我们一会儿，然后转身离去，头也不回。

这种行为特点很稳定。因此根据此特征，我和陈老师一致认为，我们以前在玉树机场附近一条沟里遇见的一只动物，一定是只猞猁而不是狐狸。因为赤狐"气质不行"，一步三回头，显得特别不稳重，而且总是一溜儿小跑的，比起猫科动物的气定神闲那真是差不少。

气质佳人——豹猫。

不过，偶尔也有表现出色的狐狸，哇大师在和顺和我们夜巡时就曾遇到一只陪着他玩捉迷藏的小狐狸。不久前我们在马坊乡张庄村旁的河边也看到了一只专心吃玉米粒，并不在乎我们就在10米开外的狐狸。

鼬科动物则都是一群神经病。无论是黄鼬、艾鼬、黄腹鼬、狗獾、鼬獾、黄喉貂……总之它们永远在奔跑。当然,在这群小神经中,名字带鼬的还算比较可爱,虽然也是到处乱窜,但当它们猛地停下来,起身看你时,你还是会被它们的小脸萌化!

鼬獾名字里也有个鼬,当然也是个小可爱。我和小昭在江西桃红岭曾经见过一只鼬獾,见到我们后,它就像一只小狗一样蹲坐在那里看我们,确实很萌。

但鼬科动物有一点我始终弄不大明白,它们有时候会莫名其妙地朝着人或者车冲过来,完全搞不明白它们是怎么想的,感觉在某个瞬间它们的大脑会被负责乱跑的神经和肌肉所控制,疯疯癫癫的。只有水獭是个例外,它们的行为一般都比较正常。我猜,可能主要因为它们总在水里,被凉水冲冲,脑子总会清醒一点儿。

还有很多其他好玩的动物。一些小动物都很有特点,比如树上的鼯鼠、沙地里乱跳的跳鼠、草丛里疯狂蹦跳的兔子,总之能遇到它们就挺令人开心的。

夜巡也是一种保护手段

其实夜巡这个事儿应该是从狩猎发展过来的,我们看动物和猎人捕猎动物,过程差不

欧亚水獭。

歪头杀——黄鼬。

多。因此我们的夜巡也担负着反盗猎巡逻的任务。

我们的基地就在马坊乡的乡道上。晚上,我们看到过几次和我们类似的人,拿着手电开着车到处照。然而,在这片区域内,这么干的只有我们是在看动物,其他的只要出现,基本都是盗猎。

因此这些年来我们晚上出去夜巡同时也是在查看是否有盗猎,一旦发现我们就会立刻报警并通知杨院长,警察与和顺县生态保护协会的志愿者会迅速出击支援我们。

夜巡是件有意思的事情,不但能让我们进入野生动物的隐秘世界,而且道路上,我们人在车在,猎杀它们的人和车辆就会被我们赶走。所以,我们在山西华北豹保护基地的夜间巡逻活动还会一直进行下去,而且,我们要让每一个前来参与我们基地建设的志愿者都参与夜巡,因为这项活动不只是欣赏动物这么简单。

夜晚是一个与白天截然不同的世界。我们潜入动物的世界,静静地观察了解,远远地保卫守护。

新龙的森林里，鹿的身后跟了一只小豹子

宋大昭

一

2019年4月1日，新龙林业与草原局发布了一条新闻：野外监测拍到了一只金钱豹在跟踪一头水鹿。看到这一幕的人都会觉得这只豹子在捕猎这头水鹿，但我仔细一看，发现事情并不这么简单。

做过个体识别的陈老师和李大锤都有经验：大豹子好认，小豹子不好认。因为小豹子浑身绒毛，用人类来类比就是还没长开，斑点不够清晰。即便是个头儿够大、跟着妈妈到处走的七八个月大的小豹子依然是这样。照片里的这只豹就"还没长开"，我判断它其实是一只尚未成年的小豹子。

巧的是，这个相机还真拍到了几张母豹带小豹子的照片，于是我对比了一下花纹，确认出站在妈妈前面的小豹就是那只跟踪水鹿的小家伙。

小豹子跟在水鹿身后。

二

豹作为一种进化相当成功的掠食者，其适应性也表

现在捕猎技巧上。一方面，豹的食谱广泛，从小型的老鼠到大型的兽类，有机会它都会吃，比如在山西和顺，华北豹偶尔也会干掉一头体重数百斤的大牛。

另一方面，豹的捕猎方式也很多样化。我们通常认为豹会尽量采取偷袭的方式来捕猎，这也是一种相当成功的策略：因为豹既不像猎豹那样善于奔跑，也不像狮子那样集群合作捕猎。豹作为一种林地型的猎手，潜伏—偷袭是一种可靠的策略。

但豹的捕猎方式从不会一成不变。实际上我们在山西就曾经3次拍到过豹跟踪野猪的场景，而这也是我们唯一能够用红外相机拍到的豹捕猎的场景。这说明豹也有跟踪追击型的捕猎，尤其是对于那些不善于逃跑（或者不大害怕它）的猎物。跟踪—消耗—伺机捕杀，这或许也是豹的一种捕猎策略。

三

那么这只新龙小豹子是在捕猎前面的这头大公水鹿吗？我猜测其实它只是在练习捕猎。一只成年的雄性水鹿体重可达到200—300千克，而一只成年豹的体重只有60—80千克，这种没长大的小豹子估计只有30—40千克。别说这种小不点儿，就算是一只成年豹，雄性成年水鹿也未必会怵它。

事实上豹的猎物通常是体重几十斤的中型有蹄类，狍子、赤麂、毛冠鹿，这些对于豹来说更加理想一些。幼年和雌性的水鹿毫无疑问也会成为豹的猎物，但要干掉一头大公鹿，估计并不比干掉一只成年野猪容易多少。

不过我们可以看到，三连拍中，这头水鹿翘着尾巴在走。除了拉屎，

成年野猪的体型和攻击力不可小觑。

鹿这种样子也是在警告,说明水鹿是知道后面跟着一只豹子的,它或许没有太当回事儿,但是也不敢完全无视。

而这个画面为我们展示出极其珍贵的一幕:一只大型猫科动物是如何长大的。

在妈妈的陪伴下,它要学习生存的技能。它会尝试和练习跟踪、猎杀的技巧;它会知道什么样的猎物它可以征服,什么样的猎物不能;它需要积累失败和成功的经验,并熟悉这片它日后将要独自面对的森林。这都是为了以后成为一个独立的捕食者而做的必要准备。

圈养的大型猫科动物则完全没有这种机会,它们也因此丧失了回归野外的可能。

四

雅砻江畔新龙的森林里，豹和狼追逐着水鹿、马麝和毛冠鹿，在其之上，雪豹跟在岩羊群的后面。这是一个健康的生态系统的日常，不过，这样的场景却已从越来越多的中国森林里消失。

就在这条新闻发布的同一天，我们还听到了一个悲伤的消息：在四川凉山州木里县雅砻江镇，山火夺去了30个救火人员的生命。那是在新龙县下游200多千米的地方，同样有着广袤的森林，我想，那里的森林里也有豹在追逐着水鹿。而这30个人，30个战士，他们为了这样的森林，牺牲了。

无论关于山火和防火会有怎样的讨论或反思，让我们永远铭记这一天，铭记这些永远与森林同在的人吧。

清明已至，上山切记勿带火种。

这个人在新龙拍到了一堆小豹子！

阿飞

他们在新龙拍到金钱豹了！

刚啊叔和他的小伙伴在2019年10月底结束了一场史无前例的拉风自驾游。在前往新龙拉日马乡的路上，他们可能做梦都没有想到，有一群小家伙在路中间等着他们。

据说当时是下午4点左右，一行人正行驶在海拔3400米的坑坑洼洼的公路上。

负责驾驶的刚啊叔远远就看到道路的正前方有3个物体，毛茸茸的看上去像是野生动物。

以灌木为掩护的小豹子。

同行的伙伴警觉了起来："哎，前面是什么？看上去像是3只猴子。"

"怎么可能，那一定不是猴子，我感觉，应该是某一种猫！"刚啊叔不免兴奋了起来，但他不敢断言那是豹子，因为真是这样的话，运气未免也太好了吧！

车子毫不犹豫地驶向了前方，在距离这3个毛球40米的地方停了下来。

天呐，居然真的是豹子！

一车人本来就是野生动物的摄影爱好者，一瞬间，全员都沸腾了。

但是谁开车谁是老大呀,刚啊叔将方向盘往右一打,车子整个侧对着豹子。占据了有利位置,他趴在车窗上就是一顿猛拍。

这3只圆滚滚又面带忧郁的小肥胖子,就这么坐在马路中间,淡定自若,仿佛是在等待他们一样,与刚啊叔开始了大眼瞪小眼的对决。

不过,谁也不知道母豹子究竟在哪里,一车人没有说话,也不敢下车。唯一能听到的,只有相机连拍的快门声。

看到这些照片,我羡慕透了,坐在我对面的大猫也炸了毛,感叹自己的运气还是不够好。

豹崽与一车人就这样僵持了15分钟,刚啊叔估计是拍上头了,开口问小伙伴:"大家都拍够了吗? 拍够了咱们就继续上路了啊!"

这话说得也太嘚瑟了吧!

车子缓缓开动,离崽子们越来越近,这个时候,3个娃才慢吞吞地拖着自己的圆屁股和小肚肚朝公路的两边散开。

距离最近的那一刻,它们离车子只有8米远,刚啊叔的"大炮"都快放不下豹子的脑袋了。

两只小豹子朝着河边移动,另一只则朝着对面的缓坡走去。走了几步还不忘回头看看刚啊叔,好奇心是它们这个年纪最可爱的特质。

在驶出一段距离后,内心依然激动的他们拦下了一辆不认识的车,拿出相机就开始炫

一脸好奇的小豹子。

刚啊叔拍到的栗喉蜂虎。

耀,说:"看！我们刚才遇到豹子了！就在不远的地方！哈哈哈哈哈哈哈哈！"

不知道路人想不想打他们,反正如果是我,绝对不会手软。

一切都是因为准备充足

在采访刚啊叔的过程中,我了解到原来他们都是有七八年经验的拍鸟大爷,这一次川西之旅也是为了寻找鸟儿和不同的野生动物。

这一次旅行,刚啊叔热血十足,共带了3个相机,3个镜头,并且全部安装调试好。所以当遇到豹子的时候,他只花了4秒的时间就进入了拍摄状态。而这也是全国第一次,有人拍到了如此高清又近距离的3只豹崽同框。不光如此,在阅读了"猫盟"之前发表的关于新龙的文章之后,刚啊叔对新龙的印象便发生了微妙的变化。

他这才知道,原来新龙存在着这么多种猫科动物,原来这里的生态环境是这么好。从此他便关注起了川西地区有关野生猫科动物的资讯和科普内容。

关于豹子为什么会在公路上，他也有自己的见解。据说在3年前，他们一行人就试图自驾去拉日马乡，但由于道路不通，当年未能抵达。而今年，路况还是非常差，各处都在修路、扩建等。因此，车辆来往稀少，人也不多。他说这很有可能是豹子愿意来到公路上的最主要的原因。

"这里本来就是豹子的栖息地，无人使用的道路对它们并没有造成影响，它们依然可以利用这里连片的土地繁衍生息。可是，两年后所有的路就修好了，到时候人多了起来，一定会对这些动物的生活造成影响。我担心，我们的基础建设虽然方便了生活，但会一步一步压缩动物的生存空间。未来，这里便不再是未开化的样子，而豹子也不会选择在道路附近活动了。"

刚啊叔说着，脸上收起了刚才谈豹崽时的嘚瑟与笑容。

"我一直都觉得藏族群众对野生动物十分友善，我与他们谈论动物的时候，他们就稀松平常地说着家后面的狼与熊，但是却从来没有显露

路修好以后，还能遇到如此可爱的小豹子吗？

过任何的厌恶与不满，有一种天人合一、和谐共处的思想。"刚啊叔补充道。

没错，新龙的确一直被保佑着。这里物种丰富，人兽也能和平共处，因此对"猫盟"来说新龙也具有着特殊的意义，它不光是我们口口相传的猫科动物圣地，也是所有人心中的一颗宝石。它纯净、自然又生命富足。

如果说有什么地方很接近天堂，那么我想新龙应该可以成为不错的备选。

现在，我只想说，当我们在感叹许多地方只剩下豹猫，老虎已不复存在的时候，我们有没有想过，有一些地方，它千万年在这里，不受干扰，美得不可一世，而千万年以后，它也理应如此。

当野生动物的基因里还未刻下对人类的恐惧时，我们只想它们永远这样下去。

一只鸡从我的全世界路过，欺骗了我

陈月龙

我们已经从青海白扎林场回到北京两周了，但高原上的动物依然时常出现在我的脑海中。即便，上周末我刚在天坛公园的小树林里，遇见了忙着啃地上的杨树芽的赤腹松鼠，还看见了一只可能是雀鹰的猛禽把斑鸠按在地上的惊心动魄场景，但我还是对高原上那只耍我的血雉耿耿于怀。

一只从我的全世界路过的血雉

那一天，我走在白扎林杨海拔4000米左右的山坡上。这里海拔虽然高，但还是稀疏地长着柏树——白马鸡会上树吃柏树的种子，我还在有猴群经过的柏树林里见过包含着柏树种子碎屑的猕猴粪便。这里的草贴地生长，几乎没有灌木，视野很是开阔，看起来有点像城市公园，但这里的动物精彩到让我想起立鼓掌。

上山时我正往前走着，一只血雉突然从我身体侧后方飞奔而来，经过我之后头也不回地继续跑远。虽然它一路小跑，但从我身后来到我的跟前再到远方，一只鸡匆忙的身影被我看得一清二楚。此刻，我见到了血雉，但感觉不如说，是血雉选择看到了我。

又走了一段时间，如出一辙，又是一只血雉，又是从侧后方走进我的世界，然后越过我跑到很远的地方。我，又被选中了。

血雉。

但是我没有时间多愁善感，理性的逻辑思维让我得出了一个很"严谨"的科学结论——血雉太傻了。

因为，这两只血雉，本来躲得挺好的，我完全没有发现它们，它们自己非要傻乎乎地跑出来让我看，这不是没事找事吗？虽然我不抓它们，但要是遇到个豺狼、豹猫、黄喉貂之类的，不是三下两下就扑上去把它们拿下了么？这么简单的道理难道血雉不懂吗？简直难以想象这物种是怎么存活下来的……

当我这么想的时候，我已经被耍了。

当我把我的"科学结论"跟鹳总分享的时候，鹳总用一种关爱无知少年的心态和我分享了他与石鸡的故事。

他与石鸡打过好多交道。拍摄时，如果发现一只石鸡大摇大摆边走边叫还不时回头看你，通常旁边都会有一群按兵不动的石鸡——那只"冒失鸡"实际上是在吸引捕食者的注意力，让那群不动的石鸡有机会躲过危机。鹳总说他们管这种出来吸引注意力的个体叫"哨鸡"。

这也让我想起在广州公园里目睹的一件往事。

石鸡。

当时，一只流浪猫出现在路口，突然一只看起来飞得不太利索的红耳鹎跟跟跄跄落到了流浪猫前方不远处，紧接着这只看起来翅膀有点问题的红耳鹎又扑腾着往前飞。机警的流浪猫显然不可能错过这样的机会，它飞快地跟了上去，敏捷的身手就像一只野生猫科动物，完全看不出有喂猫粮的必要。我当时想，完了，这只飞不利索的红耳鹎完蛋了。

就在这时，从刚才红耳鹎逃跑的方向飞回来一只红耳鹎，飞行动作干净利索还带着艺术气息，头顶竖起的羽冠随风飘动带着骄傲。

从此,红耳鹎头上的"呆毛"在我的心中都象征着智慧了。

这是刚才那只"翅膀受伤"的红耳鹎吗？我不敢相信,直到我看到它飞回巢中给小鸟喂食,顿时对红耳鹎充满了敬佩之情——它佯装出一副"我很弱,快吃我"的样子成功把流浪猫引走,让幼鸟躲过了潜在的危险,这一反捕食的策略简直巧妙得不像话。

鹳总虽然不确定血雉有"哨鸡"这个行为,但是认为我看到的非要路过我全世界的血雉很可能是哨鸡,其实指不定哪个树坑底下有一群一动不动的血雉已经安全躲避了我。我觉得,非常有可能！不然一只血雉跑出来看我这也太蹊跷了吧。

大猫这次拍到的一群血雉也证实了当时的血雉应该是集群的。

我还特意请教了朱磊博士,他表示没见过血雉有这种行为,但是他看到的血雉多是在植被茂密一些的地方,听说我所见血雉所处的生境之后,他认为我看到的血雉很有可能是出来吸引我注意力的。因为即便是同一种动物也会因生活环境的不同采取不同的生存策略。比如,所在地植被茂密的血雉,面对危险时,它们可能选择躲藏求生;而如果生活在开阔地带,受环境所限,只是躲着意义不大,还是很容易被发现,因此生活在这种环境中的个体可能就会有不一样的反捕食策略。

在开阔的大草坪上吃东西散步的白马鸡,虽然每天都会被我们看到,似

血雉的雌鸟。

乎不知道躲藏为何物，但现在想来，这应该也是它们的生存策略。躲到树林中看似隐蔽，但在那种地方，捕食者也更容易布阵埋伏。因此，白马鸡大多选择在开阔的地方成群活动，发现危险就鸣叫报警，这样看起来容易被发现，实际上却能躲避很多危险。

当然文中我的观点多为推测而未经证实，但这正是我们观察自然、尝试了解自然的理由和有趣之处。

各种动植物有着各种各样精彩的生存策略和过人之处，如果人类觉得凭借自己的聪明才智就能主宰一切，那就真的太自以为是了。

白马鸡的样子，除了雪地也是很难躲藏了。

就像当我嘲笑血雉很傻时，却不知道已经有一群逃过我视线的血雉。如果说血雉做错了什么，那就是太高估我的发现能力了，但这套生存策略应该是给猞猁之类的捕食者准备的，跟这些捕食者比起来，人类，依然前路漫漫。

我没见到7种猫，但这里的空气真好

陈月龙

当我抬起头时，一只胡兀鹫已经近在眼前。

它巨大的翼展出现在这样近的距离下，遮天蔽日。它没有动作，甚至没有歪过头来瞥我一眼，迅速从我头顶上方五六米的高度滑翔而过，我甚至能看清它的初级飞羽在气流中晃动——那种为了保持平稳的晃动。不过我不用为胡兀鹫的晃动而担心，它们个个都是经验丰富的高空飞行员。

胡兀鹫。

实际上这是我第一次来到这里，我对这次调查充满期待——当你知道自己要去的是世上少有的同时生活着7种野生猫科动物的地方，你没有办法不期待。

遇到胡兀鹫的时候，我刚走进通霄沟的沟口。一走进去，我就感受到这条沟的神奇。路上，我和向导一路沿着狼的脚印前行。我从不觉得我惧怕猛兽，甚至十分期待与它们相遇。

向导突然打了个喷嚏，很奇妙，我发现自己在一瞬间降低了身体的重心，弯曲了膝盖，连脚踝的方向都瞬间转变了。我是几秒内做好了逃跑的准备吗？只能说向导的喷嚏声太像豹子发出警告的咆哮了……

但我还是期待着前方能出现只猞狸，如果是金

豹或者熊的粪便，反正不是吃素的。

猫就太完美了,走在这种环境里,你脑海中出现的就是这种级别的动物,豹猫都显得太温良了。

动物会跑来偶遇你

通霄沟只是我上山十几天中的一天,在这些天中我遇到了马麝和毛冠鹿。

马麝在山坡上跳起来简直就像袋鼠,原来它圆圆的屁股蕴藏的是惊人的弹跳力,是那种简直不用使劲,仿佛只是伸了伸后腿就把自己弹上了山。遇见时距离比较远,虽然从体型上我猜想这十有八九就是马麝,但不看到和林麝区别明显的脖子后面的色块我心有不甘,然而它就在那儿扭过头看着我,一动不动地,我刚好看不到脖子。然后我们的比赛就变成了"看谁先动"。我不敢动,因为怕望远镜一离开就错过了它转

马麝。

身的样子。最终,3分钟之后我等到它转身弹走,清晰地看到了脖子后面的区别,内心十分满足。

几天后第二次见到马麝就要近多了,向导往山坡上一指,距离我不到10米处站着一只马麝。不用望远镜我都能看到它的"眼影"。随即它三跳两跳消失在了阳坡上如天坛公园中那样古老的柏树林中。

脖子后面的色块和红色的"眼影"。

毛冠鹿的现身更神秘一些。在胸径七八十厘米的杉树林,视野并不算开阔,一根巨大的倒木后面闪过一个身影,看起来有黑有白。

我的第一反应是鬣羚,赶紧拿出望远镜。当画面更清晰时,我发现白色是穿过树林的阳光打在动物黑色皮毛上的反光,它有着短胖的头,豚鹿一般的圆眼睛,头顶一撮呆毛。随着它往前走,屁股上盖着像黑鹿一样的中间黑两边白的长尾巴,这是一只毛冠鹿,所有的特征都那么清晰。

出发之前我还特意去成都动物园看了毛冠

红外相机中的毛冠鹿。

鹿,它们太可爱了,而且冬毛令它们看起来圆圆胖胖的,不是网上常见的那种没吃饱饭的样子。

比野生动物更难忘的相遇

如果能有什么比野生动物更难忘的相遇,那只能是人了。

当我们和自然相遇、和野生动物相遇时,也在和不同的人相遇。这次参加调查的还有卧龙保护区的队伍,张亮、张涛和王继富据说是卧龙野外调查最精锐的队伍了,据我观察,特别名副其实。

有一天亮哥被安排了一条困难的路线,交流中的四川话我无法全部听懂,大概就是:

"今天你的线路难度很大……"

亮哥:"要得。"

"如果不行就撤出来……"

亮哥:"不存在。"

然后亮哥就蹚过冰冷河水钻进了森林里。亮哥的靠谱只要接触过他的人都能感受到。

王富强给我印象最深的是拿着斧子上山时脚后跟不沾地的轻盈脚步,跟他比起来鬣羚的脚步实在太笨了。张涛用一个足球明星的手机壳,我想足球明星爬山可没有他厉害,四川的山可不是有体能就能爬的! 在竹林里摔倒可不需要裁判吹犯规哨。

一起爬过山,是一种不一样的经历。说出生入死是过分了,但还是能给人留下很多难忘的回忆。

标志上是卧龙保护区的双旗舰物种。

被我打扰的某种林蛙。

我现在还能记得分开那天他们和我说再见，不知道我们还有没有机会再见面，希望以后有机会一起看熊猫看雪豹。

新龙有着得天独厚的地理条件和自然资源，我想还有很重要的一点是他们选择了自己的生活方式，选择了与自然和谐相处。通宵沟的向导看到我从水中捧出林蛙拍照的时候大惊失色，虽然语言不通，但我明白她不同意我打扰一只蛙的生活。

听说当地文化中流传着龙族的故事。龙族掌管着水中的世界，人不能去打扰，甚至水都是来自神的礼物。起初我想龙是不是水獭（因为水獭是这里的伞护种）？后来我觉得这一点都不重要，伞护种可以是熊猫、雪豹，如果是个不存在但人们坚信的东西，有什么区别呢？

高原上就没有不神奇的东西！

陈月龙

　　除了显而易见的行走，山林中的炫酷，在自然中，我们体会更多的其实是自己的渺小。

　　白扎林场在青海省玉树藏族自治州囊谦县的白扎乡。第一次进林场前我们在县城买补给，超市的小哥听到我们要去白扎乡之后露出了惊讶的表情，好像在敬佩我们"明知山有虎"的精神。

　　林场大概在海拔4000米左右，有河水奔流而去的海拔3600米比较低的山谷，也有岩石和草坡组成的海拔5000米的雪山。动物，可以栖息在各种各样的环境中，包括那些我们无法到达的区域。

高原上的森林中，

两位"大佬"同域分布

　　在4000米的海拔高度，没几个地方拥有森林了。这里的森林由针叶树组成，本就生长缓慢的它们在这里生长得更加缓慢，能长成现在充满岁月痕迹的样子真的非常难得。

　　任何干扰都可能导致难以恢复的后果。这里立着的

森林掩护着生活在其中的动物。

保护天然林的告示牌、界碑和这里的人，都是森林得以保存的重要原因。

森林给高原带来了更加多样的生境，给种类繁多的野生动物提供了生存的空间，其中就有"猫盟"最关注的豹。无论从留下的粪便还是脚印等痕迹来看，雪豹都占据绝对的优势地位。更别提我们在那儿待了 10 天，就在一条沟里拍到了两只雪豹。

森林的存在给豹留下了机会。凭借着超强的生存能力，豹成为世界上分布最为广泛的野生猫科动物。但是不管是在亚洲还是非洲，豹都需要借助树木或者高草等环境来隐蔽自己，像雪豹喜欢的那种望不到边界的高海拔石山就不属于豹。海拔高度对豹来说不是什么问题，之前"猫盟"在新龙拍摄到的豹，在高海拔的森林中维系着自己稳定的种群。

在森林和草坡的交界地带，豹和雪豹同域分布，它们可能在时间上、空间上或者资源上分配统治权，但也可能发生冲突。

属于雪豹的雪山，拍摄于甘孜新龙。

甘孜新龙的豹家庭。这张照片是前后两张合成的。

我们还不能找到所有问题的答案。

高原反应，我怕过吗？

怕过。

在高原，豹没有高原反应，而我只是个弱小的人类。我刚到高原时并没有什么强烈的反应，于是，第一次上高海拔地区的我感觉高原反应这件事可能并没什么大不了。

第一天上山，我选择了一条在垂直爬升和路程上看起来可以接受的线路，直到那天平安回到林场，我才有机会思考：我是不是把"可以接受"的标准搞错了？这里海拔4000米以上，而我对自己身体的了解仅停留在海拔1000多米，相差的这3000米给我带来了巨大的考验，以致于我险些命丧于此。

　　那天，我按照往常的量准备了食物和水，但后来我才体会到，在高原爬山，缺氧只不过是冰山一角，能量的消耗是个巨大的问题。

　　中午，我吃完了自己绝大部分干粮，感觉只是起到了促进食欲的作用。想着怎么也得给自己留条后路，所以还藏了一个小面包。但在下午的行进中，我明显感到没能量了，我要是个奥特曼，红灯都得疯狂闪烁了。

　　在这样的情况下，我需要赶紧补充能量。借着安装一台红外相机的机会，我不光把自己存的食物都吃了，连向导和同伴的食物也都给吃了。

　　到了下午三四点，我的眼睛已经无法对焦，世界变成了平面，走起路来深一脚浅一脚，并且感觉身体已经没有应激能力了。听到的声音也只有大小而听不出远近，仿佛所有声音都是从一个地方传来的，也包括自己说话的声音。而且说话的时候，往往当我说完上半句话，不光想不起来下半句要说什么，就连为什么要说上半句都想不起来了……大概我的野外模式在开启的时候遇到了问题，所以只能先把智商关闭了。

　　我的身体正在极力向我证明需要停止这一切，但还在工作的大脑告诉我，停在这里你顶多活到晚上十一点半。就在我的身体用临近死机的方式保护自己的时候，我着陆了，感觉自己仿佛是从山上飘下来的，即便

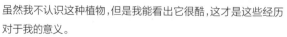
虽然我不认识这种植物，但是我能看出它很酷，这才是这些经历对于我的意义。

川西鼠兔。

到了平地，依然像是在飘浮。

但我确实得救了，我的身体是在我喝了好几大杯水、吃了饭菜还有葡萄干之后才确认这件事的。

让我差点"死机"的高原，是动物的天堂

度过了这样的开工日后，在后面的两个星期里，我再没遇到过如此困难的局面。在能吃饱喝足的情况下，我也并没有什么高原反应。也许是那天的高强度让我更快地适应了高原。

我现在还能记得第一天，当我们从狭窄的山谷往上走时，看到侧面陡峭山坡上有一群岩羊。岩羊向山上转移，我问向导怎么走，向导桑丁指了指岩羊上去的那条不能称之为路的路，于是，我们沿着岩羊走的路爬上了山坡。

岩羊喜欢借助山体坡度保护自己。捕食者在陡峭的山坡岩壁上无法活动自如，岩羊却能凭借一身在峭壁石缝间行走的本领躲避捕食者。

夜巡时，我们看到岩羊在绝壁上的石窝中睡觉。相信没有捕食者能到这里捕食，我甚至都无法想象岩羊是如何来到这种地方的。

沿着岩羊走的路翻过最后一个垭口，地上出现了雪豹的脚印。海拔上升了几百米后，狭窄的山谷豁然开朗，两山之间非常宽阔，植物也从山坡上的森林变成了开阔地带的灌丛。

灌丛中满是一堆又一堆的鬣羚粪便，这些大家伙的粪便不光颗粒大，还多，而且它们会在固定的地方排便，所以看到的鬣羚粪便往往是一大堆。

宽阔的山谷延续了3000米，雪山就再次出现在了我们面前。这里，应该是雪豹统治的地盘了。从山脚下即便是冬天也流淌不止的河流，到

夜晚的岩羊就在这种地方睡觉,翻个身就会摔死,但是它们不用翻身。

峡谷山坡上的针叶林,再往上山体变平缓,植物变为草地和灌丛,到远处的雪山;这种高山峡谷的地理环境造就了这里复杂的生态系统。

这里的河流中有水獭,鹳总在水边捡到粪便后,掰开给我展示了其中的鱼刺。这水往下游不断流淌，也给中华鲟、扬子鳄提供了生存的空间；长江流域的城市、乡村，也都享受着这江水的滋养。

山顶上的雪豹，统治着这里的开放地带，森林则由金钱豹统治，豺狼、狼、豺、黑熊、棕熊这样的狠角色们也游走在这里，与这里热情好客的人们分享着自然资源，互不打扰。

野生动物适应了各种严酷的自然环境，并且乐在其中。它们不需要人类什么额外的呵护，只要我们别去打扰就好。比起做点什么保护自然，我觉得人们更应该反思的是我们应该不做什么。把荒野留给荒野就好！

这里人们的生活清心寡欲又多姿多彩。

寺庙前，大群的岩羊在晒太阳，懒得搭理我们。

如果只认识高原上的雪豹，你就亏大了

宋大昭

2018年3月17日
越野车、雪豹谷和牦牛

连着晴了几天后，昨夜又下雪了。今早我们照例分成两组开工，我开着车带王兴哲、巧巧和林场的尕玛沿214国道前往白扎林场的西北部，鹞总则开着另一辆车带着陈老师、夏凡和马尔玛前往打旧村附近。

我们把白扎林场划分为30多个5千米×5千米的格子，每组的任务都是在计划的格子里安装红外相机，并且要确保在高海拔和低海拔林区至少都有一个监测点。这是因为白扎林场所处的三江源区域既有雪豹又有金钱豹，我们需要针对这两个物种所占据的不同生境开展野外作业。

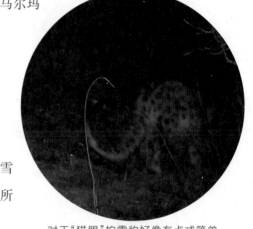

对于"猫盟"拍雪豹好像有点忒简单了，又腰得意一会儿。

看起来白扎林场确实有很多雪豹。在这10多天的野外调查中，我们已经拍到了4只雪豹（截至3月17日），此外还看到了至少6只雪豹在雪地上的足迹，这意味着能确定的雪豹个体已经达到或超过了10只，其中至少有2个携带亚成年雪豹的家庭。

事实上我们的队员都觉得在这里找雪豹毫无难度，但是要搞清楚到底有多少雪豹需要费不少力气——作为世界雪豹分布最密集的区域之一，三江源果然名不虚传。

而白扎林场本身却呈现出一种矛盾的表象：动物痕迹很多，但动物

雪豹的主食漫山遍野地跑。

却藏在"深闺",难得一见。当然这个说法要除去几个物种:岩羊、猕猴、两种鼠兔、高原兔,以及白马鸡、血雉、各种猛禽等。这些动物恨不能天天见,一天见好几回。

但意料之外的是,除了那天晚上撞大运在林场后山上遇到雪豹吃牛,我们在连续多日的野外调查和夜巡中几乎看不到太多野生动物。仅有一次,小王撞见了几十只马鹿,兴奋得在心里喊出了200分贝的尖叫。

这与我们在四川甘孜的经历大相径庭,无论在新龙、石渠还是白玉,在野外遇到鬣羚、水鹿、白唇鹿等几乎都是毫无悬念的。

我们猜测这是因为这里的牛实在太多了。和四川甘孜不同,本地的牦牛几

猕猴,可以见到百十来只的大群,和人类保持距离,自带野性之美。

乎无处不在,任意一个调查区域,无论草原、草甸、深山老沟,都能看到它们。除了岩羊看上去不大在意和牛混在一起吃草,其他动物似乎都受到牦牛的影响——它们在避开牛的活动时间和空间。我们在所有的地方都能看到鬣羚、鹿、麝的粪便,就是看不到它们。

漫天盘飞的高山兀鹫们,似乎证实着这里不缺大型有蹄类和足以杀死它们的顶级捕食者。

当然这只是短暂观察之下的一种猜测,事实上我也不认为野生动物怕牦牛,我想它们回避的其实是人类。

白扎林场的山总体而言并不高耸陡峭,牧民们骑着摩托车就能迂回到很高的牧场。虽然我们看不到野生动物,但想必它们的眼神比我们好得多,它们早就学会了如何回避一大清早就赶牛上山的老牧民。

和我们的坏运气形成对比的是:林场的扎生场长在我们调查期间来过两次林场,都是半夜返回县城,一次在路上遇到了猞猁,另一次则碰见了雪豹。这似乎从另一个角度解释动物们的活动节律在因人而变。

这里的地形特点或许加剧了金钱豹和雪豹的冲突。这两种大猫至少在有林子的山上会经常遇到。和居住在隔壁甘孜州的豹子境况不同,

虽然没遇到猞猁和雪豹，不过遇到狼也是运气非常好了。

这俩小家伙天天站岗都不带休息的。

这里的金钱豹在垂直高度上并无多少施展空间，地理因素导致金钱豹和雪豹在这一区域也许是生境重合度最高的。无论南边的西藏还是东边的四川，森林的垂直分布以及面积都比这里要广泛得多，豹也因此能获得更大的活动空间。

不过有一种动物和我们感情还不错，那就是藏狐。在进入白扎林场前我们会经过一大片开阔地，这地方被命名为"藏狐之家"，因为我们总能在这里遇到一只大方脸藏狐。

距离藏狐之家不远处的石头堆上还住着两只纵纹腹小鸮，迎来送往的，每天出门我们都会和这两个"小毛球"打个招呼，然后满足地进山去。

2018年3月20日
10天拍到5只雪豹

就在这天早上，雪豹谷的相机显示一只雪豹在早上7点半的时候在前一只雪豹做标记的崖壁上也用尿液做了标记——半个月的时间里有两只雪豹在这个山谷里活动，雪豹谷果然名不虚传。而此次调查中拍到的雪豹个体数也达到了5只，这也是"猫盟"做野外调查以来拍摄大型猫科动物效率最高的地方。

昨天早上7点半,第5只雪豹出现了。

今天早上,藏狐之家的藏狐似乎已经习惯了我们。我和巧巧跟小毛球打完招呼驱车经过时,它懒洋洋地趴在地上打着盹儿,根本不在乎旁边的我们。

本次青海荒野之行已告一段落,白扎林场的山上多了108只"眼睛"。我们即将回到北京,而荒野中的故事还在继续。

藏狐的意思是它真的睁眼了,不然抬头干什么。

肉在嘴边，可就是吃不到

冯刚

2018年10月2日，我和朋友老谢驾车从乌鲁木齐去青海拍摄野生动物。每天在海拔3500米以上的高原起早贪黑，或埋伏或开车寻拍野生动物。虽然辛苦，但收获不小。

雪豹是我梦寐已久的拍摄对象，但是在23年野生动物摄影生涯中从未亲眼见过野外的雪豹，更别说拍摄了。

2018年10月20日上午，收获不小，我们近距离拍摄到藏野驴、藏原羚和藏狐。老谢驾车在一条大山沟的土路行驶。我坐在驾驶室的后座，突然发觉左侧高山上有群岩羊，我马上请老谢停车，用测距望远镜一看，果然有一大群岩羊，至少100只，距离350米。当时光线太强，无法拍摄，我们决定先进行观察。

半小时后，岩羊群陆陆续续钻进了岩石山体的小山沟里，只剩几只岩羊还在外面吃草。

大约15分钟后，进山沟的大群岩羊突然仓皇逃出。我俩一下乐了，异口同声："绝对是碰上雪豹了！"山高坡

作者介绍

冯刚

1947年生，中国新野生动物摄影的代表人物之一，曾拍摄大量以野驴为主角的照片，致力于宣传野驴保护，被称"野驴之父"。他提倡尊重野生动物的拍摄方式，在青海潜伏18天后，拍摄到了雪豹与岩羊近距离接触的珍贵画面。

雪豹出现了！

陡，狼不可能在那里捕猎。我们极为兴奋地开始等待。

又过了两个小时，我正在清理相机卡里的照片，老谢小声说："雪豹！雪豹！"他激动得声音都变了！

我架上豆袋和大炮开始寻找雪豹踪影。只见山上一大群母岩羊潮水般地向山左侧冲去，一会儿又冲了下来，全都乱了套。

刚平静下来，一大群公岩羊又在右侧山坡来回奔跑，神情十分慌张。我一边按动快门，一边寻找雪豹。可惜，还是没发现。

岩羊群渐渐分散，我还是没见到雪豹。我不断按动快门。回去整理照片，才发现许多照片中都有雪豹出现。朋友，您能看到这几张照片中的雪豹吗？

雪豹终于出现了！虽然画面小，但它长得绝对壮实，太漂亮了！

雪豹从两群岩羊中间走进了画面。岩羊惊恐地注视着它。此时，我觉得自己进入了梦幻世界，简直不敢相信眼前的一切都是真实的。我迅速将快门调成高速连拍和跟焦拍摄。

找找看，雪豹在哪儿？

雪豹扑了个空。

　　上下岩羊群和雪豹纹丝不动地对峙，密切注视着对手的行动！谁都不敢轻举妄动。

　　短短的20秒钟，静得出奇，似乎空气都已凝固。突然，雪豹朝着下面的羊群冲去，显然下坡要省劲得多，瞬间冲到羊群里面，耗时仅2秒钟（查阅了拍摄数据）。雪豹闪电般的捕猎速度令人惊讶不已，我激动地连按了6下快门。

　　岩羊四处逃窜！雪豹扑空！绕了一圈后，雪豹利用地形，等候岩羊再次出现。

　　瞧，雪豹趴下了，在耐心等待猎物。岩羊又出现了，雪豹再次冲去。以下照片记录了雪豹第二次向岩羊冲击的全过程，总耗时仅3秒钟。

　　雪豹再次向岩羊扑了上去！

雪豹冲击羊群。

只可惜，雪豹再次扑空。

再次出现时，雪豹明显体力不支。

雪豹第三次尝试追击岩羊，还是毫无斩获。

从第一张雪豹的拍摄到最后一张，总耗时6分11秒。拍摄距离为400米左右。

雪豹回家了，大山又恢复了往日的平静。

藏狐大道

宋大昭

一

"前边有个坑。"吉吉说。

"嗯。"盔哥漫不经心地答应了一声,我们都没弄懂他"嗯"是什么意思,因为他继续往前开。

"砰"的一声,我们车的左前轮陷进了坑里,车停住了。

这里的海拔4000多米,我们周围是无边无际的山坡和草原,除了一只歪着脑袋看我们的纵纹腹小鸮和数不清的鼠兔,再没有别的东西。

我们就这么在"藏狐大道"上陷车了。

道边的藏狐。

二

藏狐大道是我们给这条来回必经的土路起的名字,因为这里的藏狐实在太多了。

根据同样的命名原则,我们给这地方的一些差不多的土路和一些地点起名叫"大鵟寺"(因为一窝大鵟就在一座佛塔上筑巢,菩萨就在塔上笑眯眯地看着成鸟带着鼠兔来喂3只雏鸟)、"猎隼路"(有

大鵟寺。

一窝猎隼就在路边）、"鼠兔广场"（那片草地鼠兔实在太多了）、"野驴坡"
（山顶有群藏野驴）、"兔子沟"（那地方高原兔特别多）等。

盔哥说下次指路就好办了：沿着藏狐大道开5千米，左转去大鸳寺拍
大鸳，转回来沿着藏狐大道再开1千米右
转是猎隼路，再开3千米是鼠兔广
场，可以拍藏狐一家……

猎隼。

野驴坡。

兔子沟的高原兔。

我们再次来到川西，是为了在
甘孜州寻找野生动物。我们原本的
目标是猞猁和兔狲以及荒漠猫，为
此我们来到了川青边界。

这里的平均海拔在4000米以
上，基本进入青藏高原的第三阶梯，
树木消失不见，甘孜州那种典型的

鼠兔广场不但有鼠兔，还有旱獭。

覆盖着森林的深切峡谷被平缓而巨大的山丘取代。时值夏季,正是高原最美丽的时候,山坡被嫩绿的草覆盖,黄色的全缘叶绿绒蒿有时能开满整个山坡。

这里的人口密度非常低,有些地方基本已是无人区。我们并没有制定具体的路线,只是沿着路往荒原的深处进发。总会有些土路通往某处偏僻牧场的某户人家,我们便沿着这些路去寻找沿途的动物。

一只鼠兔。

三

除了无处不在的鼠兔和喜马拉雅旱獭,我们邂逅最多的是藏原羚。许多母羚已经大腹便便,要不了几天它们就将产下幼崽。此刻它们形成稀稀拉拉的小群,也有一些个体单

二只鼠兔。

鼠兔广场。

三只鼠兔。

独活动，在即将到来的产仔季，分散的小群有利于分散捕食者的注意力。晨光中，一些羚羊趴在绿绒蒿的花丛中，它们静静地看着我们，等待着阳光洒满整个草原。

藏野驴的数量并不多，只是偶尔看到几头。回想起去年在青海玛多看到成群的野驴四处奔跑，感觉那才是高原上应有的景象。这次最多时我们也只不过在一个山头上看到了20多头野驴，远远的天际线上它们站在那里，小小的，如同一些灰白色的岩石，融入高原的大山。

但我们并没有看到更多的大型兽类，尤其是食肉目。这让我们非常诧

怀孕的母羚。

异。虽然知道看到猞猁如同中大奖，但两天前我们在新龙的森林里就已经遇到了狼，在这个看上去猎物更多的地方，我们却连一头狼都没有见到。

或许，这里的猎物并不算多。

过去，野牦牛和藏羚羊都曾经分布于此。眼前的草原看上去能够养活更多的有蹄类，但放眼望去，草场上却

空空如也。我对此比较不解，因为这里没有多少家畜，开车数十千米也就看到一两群牦牛——这个季节家畜主要在高山牧场上。

那么野生有蹄类数量少，究竟是什么原因导致的呢？一些山坡上确实有不少牦牛粪便，以及游牧留下的一些垃圾。或许在生产力低下的青藏高原上，即便是强度不大的放牧也会造成对原生有蹄类生存空间的挤压。

四

好在这里鼠兔众多。这些草原上的食物链低层物种确保了藏狐和猛禽的食物供应。

我觉得一天下来我们至少能看到20只藏狐，或许更多。这让我想到了华北的森林，当豹从一片森林里消失时，赤狐和豹猫就成了拍摄率最高的食肉目动物。

一窝藏狐。

这些藏狐不怎么怕人，因此我们可以比较自由地拍摄它们。在鼠兔广场，我们在大约2千米不到的距离内遇到了至少5只藏狐个体，而且看上去它们都是成年个体。

这让我很是困惑。少数资料表明，藏狐即便在密度高的时候也不过每平方千米1只，即便考虑到现在是繁殖季，藏狐会结对活动，这样的遇见

后面的似乎是小家伙。

率也显得高了一点。要知道我们去年在青海囊谦白扎林场的藏狐之家，也只是看到了2只藏狐。

这5只藏狐中有3只看上去属于一个家庭。这又是个让我困惑的现象。通常藏狐2月开始交配，一胎2—5只幼崽，四五月能看到小藏狐活动。按时间计算，6月底的小藏狐显然还没长到成年藏狐的大小。但是这3只藏狐看上去差不多大，只是里面有一只看起来稚气未消，它远远地冲着另一只看上去像是妈妈的藏狐跑去，兴奋地在草地上撒着欢。

盔哥认为这是爹妈带着一个娃，但这个娃的年纪显然有点大，而且在鼠兔这么多的地方，似乎它们也没什么必要实行计划生育。难道藏狐也可以在一年不同季节里繁殖，这是去年秋季的幼崽？我胡乱地猜测，但显然在短暂的观察中我得不到真实的答案。

五

猛禽在这里生存状况良好：这里的人为它们竖起了很多鹰架，其中大部分都已经被大鵟和猎隼所利用。几乎每个被利用的鹰架都有好几只雏鸟站在上面，它们有的绒毛未消，有的已经羽翼丰满正在振翅练飞。

只有在带着鼠兔腾空而起的时候，这只黑色大鵟看着才有点猛禽风范。

充足的鼠兔是雏鸟全部长大的重要保障。

这真是一个近距离观察这些猛禽的好机会,平时在北京它们可不会对我们如此毫无戒心。但这里是藏区,我们甚至看到一窝大鵟就把巢建在一户牧民院子里的铁架子上。

这些猛禽在这里养得脑满肠肥,显得毫无猛禽的威严感。它们根本不用英姿飒爽地鹰击九天或以凌厉和矫健的身姿去捕猎,它们唯一需要做的事情就是站在鼠兔洞口,等鼠兔出来就把它一脚踩死,然后带回窝里扔给雏鸟吃。

比起这些猛禽,纵纹腹小鸮显然孵化得更早一些。这些圆溜溜的小猫头鹰实在太多了,多到我已经懒得去统计它们的数量。

六

这天傍晚,我们再次来到鼠兔广场。盔哥在回放照片的时候发现有一张藏狐的片子里居然还有一只艾鼬,他打算回来找找。吉吉趴在草地上拍鼠兔,我则沿着一道小山梁往上爬,打算看看上面有些什么。

一只藏狐在离我几百米的地方趴在地上,懒洋洋地看着我。我没理它,继续气喘吁吁地往上爬。

当我爬上了一片岩石回头往下看的时候,却发现那只藏狐不知什么时候已经绕了上来,站在离我几十米的坡上看着我,似乎对我进入它的家域有点不满,来查看我到底想干什么。

但它很快回头看了看,然后跑掉了。我顺着它的目光看去,却发现一只小黑狗顺坡爬了上来。我想它其实没啥敌意,只是想来找个玩伴儿而已,因为它并没有叫。

山上没什么好看的,于是我朝那只小黑狗走了过去。等我走到那个位置,它已经跑下了山，我看到它趴在溪边的一块石头边。我继续走下去，可是它却忽然凶猛地吠叫起来。我有点奇怪，因为我并没有表现出什么敌意。我继续走了两步，这时忽然响起了另外一声低沉的吠叫，石头后面站起来一个更大的身影。

这是它的妈妈，一只典型的藏狗。我停下了脚步，眼前的局面确实让人有点发怵。我担心它会为了保护小狗而攻击我。它却一边吠叫一边从石头后面绕着走开了，步履蹒跚。

我发现了问题所在：这只狗的健康出了很大的问题，它的后腿几乎已经撑不起它的身体。并不是它在保护小狗，而是小狗在努力地保护自己的妈妈。

顿时我满含歉意地打算避开。山下不远处就是一户人家，我不知道这只母狗得了什么病，只知道它已经不属于那里，我猜它来到了这里是想静静等待自己的死亡。这时小狗跑到了我面前不远的地方，我看到了它的眼睛，这是我从未见过的一双蓝眼睛，像是藏地的蓝天。

我尝试着和它打招呼，它很疑惑，继续朝我吼叫，想把我赶走，但是尾巴却摇了几下。我不知道它是怎么长这么大的，也许它已经能够独立捕捉鼠兔了。

我转身慢慢离开，小狗停止了吠叫，坐在那里看着我。走出几十米后，我看到母狗从山坡的另一边绕了回来，似乎使尽了力气，摇摇晃晃地走回到石头下边趴着。

我很难忘记它的蓝眼睛。　　　　　　　　　　　　　小狗和它的妈妈。

小狗也跑了回去，趴在妈妈身边。

20世纪的藏獒热在不经意间给藏区造成了巨大的生态问题。当泡沫散去，给藏区留下了一大堆无人照看的流浪狗，这些狗还引起了包虫病泛滥、野生动物受到影响等各种问题。

高原上缺乏虎、豹这样能够控制家狗数量的顶级捕食者，大量流落到野外的流浪狗不但捕食野生动物，与雪豹、狼等食肉动物争夺生态位，还把野生动物完全无法抵御的疾病带入荒野——我一度怀疑，藏区的豺群就是被犬瘟、狂犬病等传染病摧毁殆尽，经过一系列的问卷调查，豺消失的时间似乎正好和藏獒热吻合。如今只有在几乎没有狗的地方，如盐池湾保护区、祁连山国家公园还能找到一些豺群。

但这并不是狗自身的问题。它们也是受害者，既无法融入野外，又被人类所抛弃。要解决这个问题，我想还是只有依靠人类。

七

我们启程准备返回。天下了一会儿雨，草原上升起了两道彩虹。

我又看到那只藏狐，它叼着两只鼠兔往自己的窝里走去，我猜想那里有几只小藏狐在等着她。彩虹下，无数的生命在经历轮回，我希望那只小狗的蓝眼睛能继续明亮如藏地的蓝天，希望下次我们来找猞猁和兔狲的时候，还能再见到它。

带着猎物回家的藏狐。

它们正以最浩荡的声势，
飞越平行岭

暴太师

5月的第二个周末是世界候鸟日，重庆被誉为"鹰飞之城"，可真正有朋友想到重庆来看猛禽的时候，却不知道上哪里去看，如何看。

重庆观猛，怎么玩？

一直都说，观猛是人类和天空最为接近的时刻。要离天空近，自然得自己先站得高。因此观猛，上山是必不可少的。

倾斜的山麓可以为猛禽提供更多的上升气流，让它们能够在迁徙过程中尽量地节省能量，同时，特殊的山脉地形走向还能给猛禽迁徙提供迁飞通道的地标作用。要想观猛，就先做好爬山的准备吧！

提到上山，就不得不提重庆的地形。重庆被誉为"山城"，顾名思义，重庆就是一座建在山上的城市。虽然这些山在西部并不算得上是高山，但仍然和经城而过的长江江面有200米到400米的高差。

虽然重庆的中心区域有像枇杷山、鹅岭这样的脊状山，也会有猛禽经过，但大量的猛禽还是集聚在重庆市区范围内西南—东北走向的条状山脉上。

这些山脉由铜锣山、南山、歌乐山、中梁山、缙云山、金刀山、虎峰山、云雾山、明月山等诸多大小山头所组成，统称为重庆平行岭（川东平行岭谷）。

作者介绍

暴太师

本名危骞，资深观鸟爱好者，朱雀会秘书长，重庆观鸟会扛把子。他有一颗IT之心，却将观鸟视作后半生的起点，从爱好者成为博闻强识的观鸟太师。他的目标是携手更多志同道合的人，影响中国观鸟版图。

要上山,就是要往这些山上走!

知道了地点,接下来就该选择时间了。

重庆的猛禽有30多种,迁徙过境的有20多种。每个人有自己喜好的猛禽类群,有的喜欢种类繁多的鹰,有的爱看不同色型的蜂鹰,有的想看辨识难度高的鹞,更多的人则是渴求一睹伟岸威猛的大雕风采。这些猛禽都会出现在重庆,只是出现的时间不尽相同。

鹰是迁徙较晚的种类,除了苍鹰主要在3月初过境以外,其他鹰多出现在4月底到5月初。蜂鹰则是在5月上旬出现大部队。鹞出现的时间较早,一般是在3月下旬到4月底,而雕出现的时间则更早了,从3月上旬就开始,一直到约4月下旬。

鹗。　　　　　　苍鹰。　　　　　　黑冠鹃隼。

观猛的装备和观鸟略有不同。除了双筒望远镜、图鉴、记录册以外,墨镜、遮阳帽、防晒霜都是观猛必备。为什么?因为猛禽们都是阳光的追寻者。

特别是在艳阳天,猛禽借助上升气流在高处翱翔,裸眼直视天空可能对眼睛造成伤害。另外,长焦相机和单筒望远镜也是观察猛禽的重要

香山的凤头蜂鹰。

辅助装备,特别是长焦相机,可以迅速定格快速飞过的猛禽,变相地加长了观察时间,有利于猛禽的辨识。

定好时间地点,准备就绪,就可以上山观猛啦!

5月初是猛禽数量的最高峰,也是观猛最激动人心的时候。大部队蜂鹰袭来的时候,会从山脉的两侧和山脊急至,光数数都可能忙不过来,你还需要一个伙伴一起来帮忙计数和辨识。

由于重庆平行岭是南北走向的山脉,我们可以和小伙伴驻守在同一条山脉的南北,遇到可以识别的罕见个体或者特定种群,就能够在另一头再次观测到,前后之间,可以互相通报。同时还可以根据山脉距离和前后观测时间差来估算不同种类的飞行速度。

南北可以玩,东西更是可以玩。重庆平行岭是一系列东西平行的山脉,猛禽会选择同时从不同的山脉经过,我们可以分成不同的队伍到不同的山岭上,既可以同步监测,同时还能展开数鹰的竞赛。

红脚隼。

虽然都在重庆市区,但每条山岭上的小气候却大相径庭,大家在不同的山上不停地交换着各自的气候信息和猛禽情况,互相激励,互相攀比,乐此不疲。

怎么样? 觉得好玩吗?

让我们一起上山,观猛去!

凤头蜂鹰掠过城市上空。

国内第一次手拍亚洲野猫，竟然是在树上！

绿绿

2020年1月4日，"野性石河子"团队成员张晖，拍摄到一只亚洲野猫（F. s. ornate）。这是国内第一次手拍亚洲野猫。

请问您在树上干什么？

当天15点左右，张晖正在克拉玛依的郊外观鸟。路过一小片湿地，芦苇荡旁有几棵小树，其中一棵的顶部有个大黑影子。原本以为是什么猛禽呢，但通过望远镜一看，居然是一只毛茸茸的大家伙，像只大猫咪！他好奇又兴奋地上前一探究竟。

距离15米左右时，张晖终于看清了它。那确实是一只猫，并且很大很强壮，正待在树梢上闭目养神，懒洋洋地晒着太阳。

不过当时他并不确定那是野猫还是流浪的家猫。看着它粗壮的长尾巴还有厚实硕大的脚掌，这些都是野猫的特征呀！于是他又向前靠近了一些，绕过几株遮挡的

作者介绍

绿绿

"猫盟"月捐群群主，华北豹金蛋蛋守护者0917号。喜欢绿色，想变成仓鼠。

这么高的树,您这么肥不怕把树压断呐?!

虽说"野",还是一位"萌"主。

树枝,拍摄了一组照片。

此时树上的猫猫也睁开了眼睛,有些警觉地盯着树下的张晖。为了减少对野猫的打扰,拍摄了几张照片后,他便赶紧离开了。

这也太幸运了吧!真是2020年的开门红呀!

当然也有人说了,野猫在野外我见过一大堆呀,怎么还得专门写一篇文章呢?

我们口中的"野猫"存在着歧义。

日常生活里,我们见到的大多数,或者口头上说的"野猫",指的是流浪、野化的家猫。而本文提到的野猫(Felis silvestris),指的是一种野生小型猫科动物。除非在新疆、青海等西北的干旱地区,否则你在野外是很难很难幸运地遇上野猫的。国内关于野猫的调查研究少之又少,在野外的记录也非常少,能拍到野猫可谓超级幸运!如果正在看文章的正好生活在野猫分布的区域,怎样一眼分辨偶遇的是野猫还是野化的家猫呢?跟我们来认识一下野猫吧。

野猫属于猫亚科猫属,分出了很多个亚种。根据形态特征和遗传学的差异,受到普遍认可的亚种是欧洲野猫(F. s. silvestris)、非洲野猫(F. s. lybica)和亚洲野猫(F. s. ornate,有时也被称为草原斑猫)。

也有学者认为,欧洲野猫可以独立出来成为一个新种(F. silvestris),亚洲野猫和非洲野猫则被归为同一种(F. lybica),其中亚洲的亚种(F. l.

ornate)栖息于亚洲大部分地区。

非洲野猫是现代家猫的祖先。在9000—10 000年前,新月沃地兴起了农业,可能是因为田野和谷仓附近啮齿类动物的数量剧增,野猫因此出现在人类的居住地;也有可能是人类发现猫科动物在控制鼠害上的作用,刻意培养出野猫的"自我驯化",家猫由此出现。现在,家猫和野猫在生物学上仍属于同一个种。在某些地区,两者也经常杂交、繁殖后代,但并不是在广大的分布区中都进行普遍的杂交,也存在一些不能和野猫杂交的种群。

例如,苏格兰的野猫与家猫存在基因混杂的情况,但在瑞士就没有这种情况。野猫种群的最主要威胁就来自它们与家猫的杂交。在苏格兰和匈牙利,可能很快就不存在纯种的野猫了。我国的野猫,一般被认为是亚洲野猫。

亚洲野猫的头体长63—80厘米,尾长23—33厘米,尾长超过头体长的50%。亚洲野猫的毛皮为浅黄褐色至黄褐色,身上有大量不规则的深褐色至黑色的斑点,这些小斑点是实心的,是所有亚种里最为"斑驳"的。这是它们与欧洲野猫、非洲野猫、家猫的最大不同。并且,亚洲野猫大多都有细小深色的耳毛,这是在其他亚种身上很难见到的。

亚洲野猫的尾巴上都有深色环纹,且尾尖呈深色,腿的上部覆有条纹;脸上有两条小的褐色条纹,前额有4条十分显著的黑带,与较浅的底色形成鲜明对比。

由于亚洲野猫身上独特的斑点,很容易将它们与家猫区分开来,但是它们一旦杂交,便会变得较难区分。非洲野猫、少数欧洲野猫和家猫长得更像。通常情况下,野猫的体型更大,四肢更长,也更为强壮。但是在欧洲和非洲的偏远地区,流浪的家猫或是生活在乡村的家猫,就很难和野猫区分开来了。

我国的亚洲野猫

在我国,亚洲野猫分布在西北地区,新疆是其主要分布区,青海、甘肃、内蒙古也有亚洲野猫的身影。它们主要生活在草原、沙漠、半沙漠等干旱地区,尤其是接近淡水水源的较干旱区,但从不出现在积雪超过20厘米的地方。目前还没有关于亚洲野猫家域的相关信息,对亚洲野猫的行为、生态特性,我们也知之甚少。

中国有关亚洲野猫的生态学数据也十分缺乏,它们近期的生存状况未知,分布界限以及保护现状均有待探索。20世纪80年代,亚洲野猫曾因其斑点皮毛在中国被大量捕杀。目前,亚洲野猫是国家二级保护动物,中国境内禁止对亚洲野猫的捕杀和交易。此外,对亚洲野猫的威胁还可能来自对它们的食物——啮齿类动物的毒杀。

每一次目击野生猫科动物对我们来说都是一种巨大的鼓舞——它们依然在野外好好地生活着,自由地在大自然里享受属于它们的家园。

中国的12种本土野生猫科动物以及与之相关的生物多样性,都需要全面地调查。这是一件规模庞大的工作,不是某一个组织能独自完成的,需要越来越多的人一起行动,以确定它们的生存现状和进一步了解它们的生态特性,由此才能制定出合适的方案,更科学、有效地对它们进行保护。

没有了解,保护又从何谈起呢?

保护,从了解开始。

祁连山花儿地：荒芜干旱的角落，大型猛兽的天堂

刘大牛

2014年6月到2019年6月，5年间我因为雪豹调查多次深入祁连山，起初是陪同夏勒博士重复他30年前的雪豹调查，继而与朋友们尝试红外相机调查，接着与中国林科院的同事开展雪豹监测，最后则是协助祁连山国家公园青海省管理局完成雪豹监测。

一路辗转，在旅程中，遇见神奇的生物，交往真挚的朋友，见证祁连山国家公园的进展。能参与宏大的进程并尽微薄之力，对个人而言是莫大的幸运，也一厢情愿地相信念念不忘、必有回响，以此文与朋友们共勉。

采矿与野牛

仁青是青海省祁连县青羊沟保护站的管护员，很酷地骑着一辆绿色摩托车前来。

从青羊沟拐进大红沟，柏油路变土路，没开多久路就被冲断了。青羊沟管护站赵站长知道这情况，提前安排了管护员仁青和旦木正骑摩托车来随行。

即便是摩托车，也开不了多远。这里不是岩石崩落，就是洪水漫灌，路面一片狼藉。越过毁掉的路段，遥望土路嘲笑般在远处盘旋。

那只好劳动双腿了，这可能是最牢靠的交通方式，虽然慢了点儿。

作者介绍

刘大牛

北京大学动物学博士，"猫盟"现任科研主任。十余年间穿梭于青藏高原，70%的时间在高原反应，偶尔还会肺水肿。正是"四十一枝花"。据小道消息，年轻时曾一顿饭吃了72个饺子，至今北京大学生物系都流传着他的神话。最喜欢的衣服是一件贴着透明胶带的黑色羽绒服。

"这路什么时候修的?"

"好多年了。"

"谁修的?"

"里面原来有个矿。"

藏野驴。

怪不得。自从2014年青海祁连山自然保护区管理局成立后,祁连山的许多采矿活动戛然而止。矿老板曾开山修路,他们一走路也就无人维护了。

大红沟的遭遇,或许是祁连山地的缩影。

历史上的打猎,使得大中型兽类分布萎缩,有些地方局部灭绝,特别是有蹄类。

藏羚羊20世纪50年代从祁连山消失,野牦牛、藏野驴、藏原羚偏安祁连山西部。这里的许多地名都映射着辉煌的荒野时代:野牛沟、青羊沟、狗熊峡、雪豹沟。如今并非完全名副其实。

近20年的开矿在祁连山留下了许多深入腹地的道路。要是没有这些道路,野生动物的调查和监测会困难得多,道路是打开荒野的钥匙。

然而原生生态系统的退化,很可能从修路开始。当道路深入每一个角落,难以保证盗猎不会随之而来。

进入大红沟后,我们很快找到了雪豹的刨坑和粪便。此外,还有两只岩羊、一只狍子和一头马鹿的尸体——很可能是雪豹的杰作。这代表了许多希望:迁移能力强大、行踪隐秘的雪豹,依然生活在这里。其实控

团结峰。

制盗猎、管理放牧，雪豹会自然恢复。

那么，大红沟能恢复野牦牛吗？当整个祁连山成为国家公园时，我们的目标是保护仅存的动物群落，还是恢复这片荒野曾经的荣光？

礼失而求诸野。答案可能藏在祁连山西端的苏里乡花儿地。

苏里与疏勒

2018年9月的一个清晨，我和林科院的同伴从苏里乡出发，跨过疏勒河进入团结峰北侧的山谷。苏里，其实就是疏勒，蒙古语中地势险峻之意。祁连山在西端分枝散叶，形成走廊南山、托勒南山、疏勒南山、野马南山等东西向的山脉。苏里乡夹在托勒南山和疏勒南山之间。站在街头，南面映入眼帘的就是疏勒南山的主峰岗结吾则，或者叫团结峰。疏勒河起源于苏里乡东头的疏勒脑，一路蜿蜒向西，绕过柯柯赛垭口北侧后，穿过苏里乡西头的花儿地，进入甘肃境内的河西走廊。

历史上，疏勒河曾经注入新疆罗布泊，由于气候变化和人类活动的影响，如今退缩到瓜州县西湖乡一带。发源于苏里乡的丰沛水源，哺育了玉门、敦煌等名城。苏里乡所有的牧民，都常住在柯柯赛垭口以东。苏里乡东部和中部的牧民，夏季渐次向东到疏勒河源头放牧；西部尕河村的牧民，一部分在夏季向西翻过垭口，进入花儿地放牧。转场有时长

疏勒河。

达几十上百千米。苏里乡野生动物数量较多，一方面因为人口和牲畜密度低，另一方面得益于这种长距离转场。

车旁，一匹狼走走停停，一会儿把旱獭赶到洞里，一会儿把三五成群的藏原羚吓得飞奔。在半个小时里，一次接近成功的捕猎都没有。不过这应该是狼的常态，它们需要许多尝试才有一口吃的。

9月份，牧民和牲畜都在苏里乡东边海拔较高的三河源，这条山谷一头家畜也没有。

除了沟口平滩上的藏原羚，山谷中段还有几群藏野驴和岩羊。在山谷尽头、靠近冰川的地方，我们看到两大群母野牦牛。不过牦牛群在1000米外看到我们就夺路而逃。几只独处的公牛则淡定得多。

祁连山的旱獭。

在野牦牛出现的地方有一间塑钢房，是当地牧业合作社的房子。在牦牛的交配季节，合作社将母的家牦牛赶进山谷里跟公的野牦牛交配，结束后再把母牛带回来。如果有母的家牦牛留在野牦牛群里，就会"污染"野牦牛的基因。

塑钢房的窗户玻璃坏了一半，门还是好的，敞开着用石头顶住。这是避免棕熊破坏的无奈办法：熊进去看看没啥吃的，就自行出来，不必损毁门窗。山谷里无疑是有棕熊的。我们在土路上发现一处棕熊的脚印，还看到几处棕熊挖掘旱獭的痕迹。

确定塑钢房里没有棕熊后，我走进去看了看。白色墙壁上马克笔写了两句诗："逆风如

藏原羚。

解意,随意莫摧残。"这完全出乎我的意料。这会是谁写的呢? 无论如何,涂鸦道出了这条山谷的一种本质:荒蛮而诗意。

调查与旅行

从2014年6月到2019年6月,我和不同的伙伴跑了7趟苏里乡,进入甘青边界的花儿地。从西宁市到花儿地,足有700千米,一天或三天的车程。如果说苏里乡是祁连山青海侧雪豹栖息地的皇冠,那么花儿地便是皇冠上的明珠。

2014年6月,我们从西宁租了一辆老旧的猎豹越野车,与夏勒博士、两位同事和一位天峻森林公安进驻花儿地。早在1984年,夏勒博士就调查过祁连山的这个偏远角落。

彼时的花儿地,不是保护区,也不是国家公园。天峻县国土资源局在这里设立了检查站,招募退伍军人轮流值守,制止非法采矿。

我们以检查站为基地,探索了疏勒河南岸的每条山沟。在试图蹚过齐腰深的湍急河水时,差点儿把夏勒博士"交代"在疏勒河里。北岸可望不可即,调查戛然而止。离开花儿地时,猎豹车彻底报废在柯柯赛垭口西侧泥泞的山路上。

疏勒河与花儿地丹霞。

我们在检查站遇到时任天峻县国土局副局长的李哥。他到站上检查工作，威严得让检查站的小伙子们惴惴不安。没想到李哥是夏勒博士的粉丝。他随身带着长镜头，拍摄雪豹是他长久的愿望——可惜直到现在也没有实现。

2016年6月，我琢磨在祁连山青海侧开展雪豹调查，于是李哥借了辆车，陪我走老路进花儿地。从苏里乡到花儿地有两条路，老路要翻6个山口，腾挪盘旋，简直跟飞行一样。

雨后的山路湿滑松软，我老怀疑汽车要滑下山坡。我们在花儿地布设了十几个红外相机，全部都在疏勒河南岸。

2017年元旦，我和李哥以及马哥的越野朋友们再进花儿地检查红外相机，惊喜地发现雪豹和豺——这可能是祁连山青海侧的第一批红外相机照片。

红外相机拍到的雪豹(上)和豺(下)

监测与渡河

2016年底，祁连山启动国家公园体制试点，花儿地被划进了国家公园。天峻县国土资源局撤了花儿地的检查站，而县林业局在旁边新建了花儿地管护站。2017年5月，青海祁连山保护区正式启动雪豹调查，我迅速加入中国林科院的调查队。调查队从祁连县开始工作，到苏里乡时已经有点强弩之末。柯柯赛垭口风雪交加，积雪颇厚，调查队犹豫再三暂时放弃了花儿地。后来2017年9月和2018年5月的两轮雪豹调查，也没有深入花儿地。

2018年11月初,国家公园管理局的雅月姑娘发来祁连山雪豹冬季监测的邀请,我立马召集了一支队伍:马哥那些富有冒险精神且技术精湛的司机朋友们,青海玉树训练有素的飞毛腿小伙子们,以及保护区的几位年轻干部。20天里,4辆车12个人,从青海祁连山东头的冷龙岭到西端的花儿地,东西横跨800千米,检查和安装了200多台红外相机。监测小组也成功挺进花儿地,在疏勒河两岸安装了40多台红外相机。

小伙伴们在疏勒河两岸发现了雪豹、棕熊、狼以及豺的踪迹,看到了岩羊、白唇鹿、野牦牛以及满地的高原兔和高原山鹑,也发现了早年间挖矿的废弃营地和受伤的山体。

花儿地,这段两端被山口阻隔的荒芜河谷,不仅可能是青海祁连山雪豹密度最高的区域,还生活有豺和野牦牛的孤立小种群。这里的野牦牛被家牦牛的海洋所包围,与羌塘-可可西里的野牦牛种群之间还隔着一座柴达木盆地。而豺,花儿地-盐池湾是它们在中国少数几个仅存的分布区之一。实际上,这里的野牦牛和豺,比雪豹更需要关注。

花儿地是李哥和许多其他天峻人、青海人念念不忘的土地,我也开始念念不忘。这里曾经走过劳改犯、盗猎者、挖矿人,这里依然生活有坚韧的藏族牧民:他们走遍了花儿地的每一条沟。我们如今也努力走遍这里的山谷,描述花儿地的生态面貌。

骆驼与雪豹

2019年6月,再次来到花儿地,在硫磺沟遇到一头家骆驼时,我以为看到了世间最孤独的生物:没有主人,没有同类。

今年5月,我和昔日的调查伙伴应邀开展祁连山国家公园的雪豹监测。当我们挖开积雪、翻过柯柯赛垭口,下降1000米进入花儿地的这段疏勒河谷时,司机诧异道:"这么个烂地方!我以为花儿地有多好呢?"可能任何初进花儿地的人,都会被荒芜的外观蒙骗。一道道山脉将水汽隔绝在外,童山濯濯,乱石遍地,道路难行。

为检查和回收去年冬天安放的红外相机,我们在花儿地渡河十趟,落水多次——即将进入雨季的疏勒河毫不留情。有一次绳索不够长,橡皮艇行进至疏勒河中间被绳索拉横,瞬间倾覆。艇上的雅月和晓龙落入疏勒河,急速往下漂流,好在都穿了救生衣。

回收的红外相机数据揭示了花儿地的真实面貌:那只家骆驼并不孤单,它和另外两只家骆驼常常出现在镜头前,在山沟里留下无数粪堆;在同一个镜头前,石鸡或大石鸡急行疾走,岩羊横穿山沟,雪豹贴着沟侧往来。

嗨,小孩儿,你一个人吃草吗?

在家骆驼活动区域的旁边,一只猞猁出乎意料地走过夏季流水的冲沟;一群藏野驴跑上山脊,踏开薄薄的表土,露出黑色的煤层。在柯柯赛垭口西坡,野牦牛和兔狲诡异地出现在同一个红外相机前。更不用说随处可见的高原兔。在疏勒河北面,雪豹、棕熊、豺、狼、赤狐沿着以前开矿的老路来来往往。岩羊被两只棕红色的豺拖着黑色的蓬松尾巴追赶,扬起一阵灰尘。在另一条狭窄的深切峡谷里,雪豹、棕熊、狼和赤狐在冰面上留下无数的脚印。

这是个荒芜干旱的角落,也是个生机勃勃的山野。从这里往东,祁

连山南麓任何一个地方的水热条件都比这里好。但花儿地的兽类拍摄率却比其他地方都高，而且豺、狼、熊、雪豹少见地齐聚一地。

花儿地最后一户常住牧民前几年已经搬走。除了散放的骆驼和马，尕河村的牧民在夏季把牛羊赶过柯柯赛垭口，到花儿地放牧。采矿绝迹，早年的硫磺矿徒留规模宏大的残垣断壁。

花儿地，是一扇弥足珍贵的窗口。我们可以观察当人类活动得到有效管控时，青藏高原东北边缘的荒野如何重现峥嵘。而祁连山国家公园，正引领着这个希望。

河谷里的狼脚印。

在花儿地的最后一个晚上，一颗流星划破天空。

一只雌豹如何才能变成M2的女神？

陈月龙

在山西，大猫最喜欢的是一只名为F2的雌豹，每次F2的照片出现，大猫都必须强调一下，这是最好看的一只豹。我感觉在大猫的内心世界有一部《马坊乡的美丽传说》，F2就是主角。

不过F2的所有信息都集中在2015年和2016年，大猫每次赞美过它的美丽之后都会失落地补一句，它现在好像去别的地方了。

F2重出江湖

曾经的F2，不得不承认它的美丽。

老豹子队这些天巡山时，给我们传回了最新的消息。然后——我们看到了一只这样的豹。

它因为表情太委屈受到了大猫的嘲笑，他截了右侧这张图，然后在群里打出了"哈哈哈"，并吐槽这只豹子"就像有双眼皮"。

我想看看这只委屈的豹经历了什么，就试着通过斑点做了个体识别。结果是这样的：

"委屈豹"，拍摄于2018年3月。

利用视频里"委屈豹"的体侧斑纹，我找到了它。

这张F2女神"定妆照"拍摄于2015年7月。

它就是F2！这确实是个令人难以置信的结果，但是豹子的斑点不会骗人，虽然脸真的一点都看不出来，但这只"委屈豹"确实就是F2女神。

虽然相貌与以往大不相同，但是毕竟它还活在这里，这对我们来说就是最好的消息。另外，你怎么确定M2大王不会更喜欢这样的脸呢？

这次F2重新出现的位置，仍然是它当年主要的活动区域

时间过去两年零八个月，F2大变样。

——荣耀石附近，这里也是 M2 大王一直坚守的地方。我查看了 F2 所有被拍摄到的素材，发现它其实一直活动在 M2 的地盘中。

2016 年 6 月，红外相机还记录到 F2 和 M2 前后经过同一位置，相隔时间不到一天。虽然一天时间的距离貌似足够让它们错过，但对于豹这种独居动物来说，虽然互不相见，但它们还是在通过气味标记领地并识别彼此，其实它们对于自己家域内的情况一清二楚。

路过荣耀石的 F2。

F2 和 M2 经常在同一区域活动，一定程度上还是反映了它们之间的相互接纳，F2 女神配 M2 大王，名正言顺。

从"花瓶"到"女神"

不过遗憾的是，前两年我们从没记录到 F2 女神繁殖并带小豹的样子，跟 M2 一起生活却不繁殖，这不科学！直到我重新打开一段"豹"炸了的视频。

这是一段一只母豹带着 3 只小豹的视频，看完我们倍感欣慰，这是华北豹第一次被记录到一只母豹繁殖 3 只小豹并且成功带到这么大。但是，由于拍摄角度的问题，这位英雄母亲身份

利用前腿上一块区域的斑点进行比对。

这张图很难进行标示，因为豹子身上斑点的形状会因为角度不同而变化，但斑点之间的位置关系变化不大，比对两张图上斑点的位置关系，可以判断是同一只豹。

一直难以被识别。考虑到F2女神失而复得的经历，我决定把女神和英雄母亲进行一下比对，没想到，还真是！

女神离开神位之后第一次被记录就是繁殖，还一口气带大了3个孩子！今年3月拍到的F2已经恢复了独身，想来小豹已经离开母亲独立生活了。

这也让我们更好地理解了它脸上的岁月痕迹，不过对于华北豹这个物种来说，现在的F2远比它好看的时候更加伟大了。

在F2带3只小豹亮相的同一点位，去年3月，有另一只雌豹——F7带着两个孩子出现，小豹也正茁壮成长。

而2016年9月拍摄到的F7，根据日期推测，它当时就是没怀孕也得是备孕阶段，我们看看它在干什么。

小豹出生之后，需要的食物更多，"猫盟"在这里记录了5只小豹的成长，而这里豹子吃牛的数量也比其他地方多。因此"猫盟"也在寻求人兽冲突和生态补偿问题的解决，以及关于华北豹保护的新动作。

← 牛

F7在捕猎。

雪豹之后，
金钱豹竟然又来抢大熊猫的风头！

宋大昭

卧龙终于拍到豹了。

一个月前，那天我正在开车，卧龙保护区的施小刚站长忽然在微信上发来一张照片，说："你看这是不是金钱豹？"我用余光扫了一眼，那橙黄色的底色和规则的大黑斑再清楚不过了——是金钱豹无疑。

这真是个令人振奋的消息。早在夏勒博士1984年在卧龙研究大熊猫的时候，他就记录到曾经在山上遇到过豹；胡锦矗先生还在卧龙做了关于豹的研究，并于1994年12月发表了相关文章：《卧龙自然保护区华南豹的食性研究》。

别往石头堆里找。黑斑黄皮，就是我。

然而20多年过去，随着红外相机在野外调查中的普及，卧龙保护区先后拍到了狼、豺、雪豹等大型食肉动物，豹却一直没有出现。

在卧龙的低海拔地区曾拍到一次狼，两匹同时入镜。

天府之国为何豹踪难觅

世人皆知四川乃天府之国，对动物而言其实也是这样。拜地理因素所赐，四川西部拥有地球上独一无二的西南山地自然景观，而东部和南部则有着平原、盆地乃至热带干热河谷等地理环境。

过去，四川拥有10种猫科动物，其中4种大型（虎、豹、雪豹、云豹）和2种中型（金猫、猞猁）猫科动物在四川均有分布，而且数量还不少。今

甘孜新龙的红外相机见证了一个县城7种猫科动物的传奇。

天,我们在川西依然能够找到7种猫科动物,其中豹和雪豹还有着健康的
种群。

　　而在甘孜州,大约以新龙县为界,森林从东往西逐渐减少,栖息地呈
现出更加适合雪豹的趋势。从理论上讲,四川东部岷山、邛崃山这些以
森林景观为主的山脉,才是更加适合豹分布的区域,过去也确实如此。

　　然而近几十年来,随着人为干扰、狩猎等因素,四川东部的豹逐渐消
失,至1998年天然林保护工程开始时,四川东部许多区域的金钱豹已经
难觅踪影。一个事实是:四川省作为使用红外相机最早、野外调查工作
最充分的省区,在岷山、邛崃山两大熊猫栖息地山脉始终不见金钱豹的
红外相机监测记录。

　　大型猫科动物分布密度低,平时独居生活,种群非常容易因为失去
雌性个体或栖息地岛屿化而导致无法进行基因交流,最终走向消亡。胡
锦矗先生的文章中提及:1985—1987年,在卧龙搜集到的豹粪逐年减少,
1987年仅冬季发现9堆豹粪,推测和盗猎以及人为干扰有关。

　　在青海玉树举办的"与豹同行"论坛上,谈及四川的豹时,四川省林
业厅保护处古晓东站长说,四川好些地方到最后就算没有人去打,豹、豺

这些动物也很难恢复,因为种群已近崩溃。

我曾经悲观地以为,四川的豹如今仅局限于川西和川北的藏区,东部已无金钱豹分布。因此卧龙此次出现豹极其振奋人心,因为这个地方是在邛崃山脉的最东边,紧邻成都!这使得四川豹的已知分布区域从贡嘎山往东一下子扩展了200千米。

10多年来李晟的团队在卧龙拍到三次豺一次狼,可以认为这里还残存着一些顽强的个体,但是从整个生态系统的生态功能上来说的话,它已经处于一个功能性缺失的状态了。

定居个体还是扩散个体?

卧龙这只豹是公豹,拍摄地点在海拔4000多米的高度。这个相机原本是用于拍摄雪豹的,也确实拍到了很多次雪豹。我们现在早已知道豹和雪豹在同域分布的地方会出现生境重叠,但这并不是重点,现在最有趣的问题是:这只豹的身份。

我认为这最有可能就是一只卧龙本地的豹子。卧龙保护区虽然近年来大量使用红外相机并做了深入的雪豹研究,但低海拔区域却从未拍到过豹。

同一地点拍到的雪豹。

几年前我受邀去卧龙拜访,邓生保护站的杨

健站长带我在保护区里转了一圈，当时我强烈建议在低海拔地区多装一些相机，看看究竟还有没有豹子——因为我们晚上遇到的动物实在太多了，斑羚、鬣羚、毛冠鹿、水鹿……很难想象有这么多猎物，大猫却彻底消失了。

另一种可能是这是一只从别处游荡而来的豹，正处于扩散和建立领地的阶段。毕竟这是一只公豹，这种可能性完全存在，我们都知道雄性大型猫科动物拥有很强的扩散能力——没准它是从数百千米外的甘孜州来的呢！

无论是哪种可能，这或许都意味着豹在邛崃山脉的复苏。这对于四川的山林而言意义非凡，因为缺乏真正的大型食肉目（如狼、豺、豹等）已

甘孜州雅江拍到的豹。

经在四川林区产生了一些非常糟糕的影响。

国内一些研究均表明在四川很多的地方有蹄类开始泛滥,家畜开始不受控地蔓延至森林里,豹的回归将可能成为这些已经受到良好保护的生态系统的重要调节因素,使之更加健康平衡。下一步,值得期盼的或许就是豹和雪豹重返岷山山脉。

而这几乎就是我们在太行山脉"带豹回家"的终极期望,只不过现在是四川的豹已经回到了成都,但华北的豹距离重返北京还需假以时日。

接下来,我想最重要的是在卧龙保护区针对豹的栖息地进行系统调查,我们希望看到的是在卧龙保护区广阔的低海拔林区,尚存一个相对健康的豹种群,而不是像小五台山当年那只豹那样,露了一面后便杳无音讯。

无论如何,这对卧龙来说,又是崭新的一页了。

别等了，大龙不会回来了

宋大昭

前两天国际雪豹日（2018年10月23日）的时候，卧龙保护区发了条很劲爆的新闻：四川卧龙拍摄到雪豹保卫领地。基本内容就是一只叫大龙的雪豹为了保卫领地到处打架，打得眼瞎嘴歪的。文章最后问：大龙是否还会续写辉煌？

大龙确实有点惨，比 M2 还惨。M2 也就是鼻子有道疤，耳朵缺一块，其实有点伤疤还蛮帅的，是荣誉的勋章！比那些刚开始混丛林的小公豹霸气多了。但大龙整个被打成猪头了。这就是我刚看到这些影像时候的感觉。

发新闻前两天，卧龙保护区管宣传的丁丁猫就跟我说，这次施站长他们又去收了好多雪豹视频回来。

然后丁丁猫给我发了一堆雪豹素材。于是我花了点时间，想看看这堆雪豹到底咋回事，大龙到底是啥情况。

2017年2月3日，尚未受伤的大龙。

你是大龙吗

首先当然是个体识别。说实话，雪豹个体识别很麻烦——毛太长，斑点不清晰，甚至连性别都很难确认，毛太长，把性器官遮住了。

而邛崃山脉的雪豹尤其难认，这一点李博士早就深有体会，因为四川东部雨水多，浑身湿漉漉的雪豹根本就没法看斑纹。

不过我还是完成了个体识别。除了大龙外，还看到了两只成年雄雪

2018.2.20   2018.2.22   2018.2.23

2018.4.9   2018.5.7

这是黑尾梢。

2017.10.17   2018.1.18   2018.3.10   2018.4.4

2018.4.4   2018.5.11   2018.5.13   2018.5.27

这是白尾梢。

豹和一个带崽雌雪豹和它的两个孩子组成的三口之家。

而实际上丁丁猫发给我的这点素材仅仅是四五个位点的。这就比较让人吃惊了，即使不算幼崽，这几个点也出现了4只成年雪豹，3雄1雌，难怪要打起来了。

非战不可

猫科动物都是领地型的，成年个体会捍卫自己的领地，从而守卫食物和配偶。大型猫科动物的领地意识尤其典型，雄性的领地面积会尽量大到能涵盖几只雌性的领地。

这种看似贪婪的择偶策略实际上是非常有效的：增加繁殖成功机会，确保强壮的基因能够最大限度被留存。因此成年猫科动物间的打斗是很常见的，尤其是在雄性之间。

这几年我们目睹了M4的入侵和与M2形成的新平衡，实际上我们认为豹对于共用领地的容忍度还是颇高的。这或许也是豹进化如此成功的一个原因。

我们曾拍到过断尾巴的豹，推测是打架导致；我们也目睹了M2脸上的伤疤，但我们确实没见过打到头破血流的豹子。

相比豹，别的大型猫科动物可能就惨烈得多。成年虎一个重要死因就是争夺领地的打斗，我们也常

嘴巴合不拢的王者M2。

在纪录片里看到狮子在争夺王位时的残酷。而雪豹在遗传上与虎比较接近,它们在对待领地的态度上是否也继承了虎的暴烈呢?

其实我过去并不这么想。因为在石渠、囊谦,我们都发现了某个不错的位点,会有数只不同的雪豹个体出现,而其中往往不乏不同的雄性个体——这在豹的领地模式里非常罕见。大部分情况下,仅在一些领地边缘才会出现类似的情况。

但大龙的情况似乎在说明:雪豹对待来自己地盘的访客,并不是那么客气。

如果排除大龙在捕猎过程受伤,那么最大可能就是和同类打架导致的。新闻里李晟博士说的我比较认可:

1.大龙不是因为争夺雌性而战斗;

2.大龙是为争夺领地主导权而战。

在2017年9月的时候,一台相机拍到了一只带着两只接近成年的幼崽的雌雪豹。而首次发现大龙受伤是在2017年6月,若幼崽尚未独立,雌雪豹是不会发情的,因此雄雪豹没有必要因争夺雌性而打架。

王位的更迭

我的问题在于:大龙究竟是什么身份?是个新来的挑战者,还是一个英雄迟暮的旧王,为了留住自己的荣耀和领土而浴血奋战?

我统计了一下丁丁猫发给我的一堆雪豹中3只雄雪豹拍摄的时间和次数。我发现拍摄到大龙的次数是最多的,从2017年2月到2018年3月,它在不同地点被记录到15次;而另外两只我分别命名为白尾梢和黑尾梢(因为这两只雪豹最明显的区别特征就是,一只是白尾巴尖,另一只是黑尾巴尖)。其中黑尾梢出现得比较晚,从2018年2月20日到5月7日,共被记录到5次；而白尾梢从2017年10月17日到2018年5月27日，共被记录到9次。

这很有趣。我们知道，通常一片栖息地里占据王者地位的雄性大猫个体会是被拍摄到次数最多的那只。

2018年4月4日，白尾梢。

比如M2，被拍摄到的位点和次数远超别的豹。而大龙被拍摄的情况似乎说明它就是，或者曾经是卧龙梯子沟-黑水河大雪塘一带的M2。如果不出意外，我猜历史数据里应该能看到更多的大龙。

2017年2月3日，它还完好无损，到了6月26日，镜头里的大龙右眼下方已经受伤。从7月份连续的拍摄来看，似乎伤口有所愈合。

但到了9月8日，它似乎下巴有点肿；到了9月20日，下巴左侧干脆

2017年7月23日，大龙的右眼已经受伤。

有一大块嘴唇明显脱落了。此后它的伤似乎就一直没有痊愈，尤其是右眼下方的伤口，总是露着红色的肉。这很让人不安，是什么原因导致伤口一直不愈合呢？

一直到2018年3月6日最后一次记录到它，它的伤口依然如故，眼角的伤似乎还更重了一些。

我倒并不觉得大龙打过很多次架，重要的是不知道是什么原因，它的伤其实一直没有好。但它的身体状况看上去一直都不错，非常强壮，并没有显得有任何瘦弱的症状。这两处伤口看上去并没有妨碍它捕猎。

2017年10月25日，此时下巴已经再添新伤。

我觉得大龙要比白尾梢和黑尾梢更老。虽然没什么科学的理由，但我似乎从面相看出了这些大猫的年龄阶段。

比如M2，老气横秋的，一看就比M4老。大龙即便是在没受伤的时候，看上去也比较沧桑，而那两只后来者尤其是白尾梢（我认为它可能是新一代的王），就显得年轻冷峻得多。

这倒不是说大龙就是和白尾梢或黑尾梢打的架，毕竟大龙受伤的时候这俩雪豹都还没出现。不过受伤的大龙可能是一种王位即将更迭的

征兆，于是新的雪豹出现了。

尤其是白尾梢，它第一次出现的时间是 2017 年 10 月 17 日，而大龙下巴受伤（第二次受伤）的时间大约在 9 月底，不得不说，白尾梢很可能就是大龙的对手。

不过有趣的是，我觉得大龙和白尾梢长得特别像，从花纹到眉宇间的表情，而且大龙也是白尾巴尖，没准儿白尾梢就是大龙的儿子。

大龙（左）和白尾梢（右），在同一个地方出境。新老更替，生生不息。

属于它们的卧龙

我猜大龙应该还活着，如果它能熬过 2018 年春雪的话。毕竟它依然健壮，也像往常一样在地面蹬踏着留下标记。

但也可能它再也不会出现了，最好的栖息地总是属于那些最强壮的雪豹，它们用自己的方式将优良的基因散播至整个邛崃山脉。答案要等待那些坚守在高山之上的红外相机和卧龙那群爱上山的弟兄们来告诉我们了。

　　无论如何,在广袤的高山群峰间对这些可能是世界上调查难度最大的雪豹种群进行长期监测,发现它们的故事,本身就是一件很酷的事情。

　　四川的雪往往在春天才下,3月到5月,山上常常是白雪皑皑的。2018年3月6日凌晨1点,大龙最后一次出现在镜头前。它晃着脑袋健步走在雪地上,经过相机不见了。

　　2018年5月27日,白尾梢高高地站在山脊的岩石旁,脚下是白雪和山间的白云,以及属于雪豹、岩羊、大熊猫、金钱豹、豺、水鹿、羚牛、川金丝猴、中华斑羚、毛冠鹿、黄喉貂、小熊猫们的卧龙群山。

现在,这是属于白尾梢的山。

后　记

"荒野的呼唤"丛书终于与大家见面了。这套书是"猫盟"多年心血的集结，非常感谢上海科技教育出版社给了这套丛书一个付梓的机会。

"荒野的呼唤"丛书能够在今年出版，也有其特别的原因。

2020年是一个不平凡的年份，在新冠疫情肆虐的大背景下，这一年里大家经历了太多的磨难和波折，也收获了无限的难忘与感动。也正是在这个时候，一直被忽视的野生动物们重新回到了我们的视野。

新的世纪、新的时期，我们在平原建起高耸入云的摩天大楼，我们把河岸开垦成鳞次栉比的工业厂房，我们用空前的势头加速发展……可是我们好像已经在不知不觉中忘记人类也是自然的一分子，直到它用非常规的方式提醒我们。于是我们开始反思：对于野生动物和自然，我们到底关注过多少呢？

"荒野的呼唤"丛书解答了这一问题。

一讲到动物，大家可能都会想到动物园，那里面什么都有，常见的如老虎、狮子、熊、孔雀，近年来新奇一些的是斑马、长颈鹿、鸸鹋、羊驼之类。对大多数人来讲,动物园是最可能接触到动物的地方。

可是,用这些动物来代表野生动物其实是远远不够的。先不说动物园是否靠谱,即便是饲养条件优越,这些圈养条件下的动物们能展示出多少天性,仍然是个未知数。例如大熊猫,我们都知道它是国宝,一般人看到的是,它们在繁育中心过着卖萌撒娇抱大腿的日子。然而在野外条件下,大熊猫其实是非常坚强刚健甚至凶猛的动物,完全无愧于它"能舐食铜铁及竹骨"的"食铁兽"之名。

所以,我们想通过"荒野的呼唤",告诉大家真实的野生动物和野生动物保护是什么模样。这套丛书不只是关于野生动物本身的科普,还是有关野生动物救助、监测、栖息地保护以及社区宣传等工作的科普,这些工作都是众多野生动物保护人士一直坚持在做的。这些人包括:

"猫盟"创始人宋大昭,对野生动物和自然的观察是如此之细致,置身野外,他都能感受到自然赋予他的回应与力量。

"猫盟"CEO巧巧,本是杂志编辑的她,自从跟随着先行者们上山寻豹后,便对华北的山林魂牵梦萦。面对这片神秘而广阔的天地,她用温柔的笔墨诉说那些野生精灵的故事。

曾在北京市野生动物救护中心和"猫盟"工作过的陈月龙,喜欢世界上所有的动物,并对动物注入了他最深的爱。每当他呕心沥血地救治着那些可怜的受伤动物时,眼神中都流露出慈母般的关爱。因而在他的文字中,一面是对现存原始森林报以无穷敬意,另一面则是对北京等城市周边的生态恢复报以无限期望。

"猫盟"志愿者阿飞、猫折腾、欧阳凯等,走遍华北的山地,探访周边的村落,只为获得更多关于豹、豹猫、水鸟以及它们家园的信息。

还有专注于一线科研的李晟、刘大牛、顾伯健等研究者们,通过他们的潜心研究,我们才能了解到关于野生动物的最新进展,为野生动物保护构建更为光明的前景。

从事野生动物保护的经历告诉我们，山林、土地、野生动物与人的交互是多么密切和频繁。因此，在"荒野的呼唤"丛书中，我们讲述野生动物的故事，挖掘自然里的秘密，探讨人类对自然的改造，思考人们与土地的关联……我们希望能有更多的朋友去关注野生动物，以及关注在背后持续保护着它们的人——唯有了解，方能热爱。这也是丛书最想呈现的理念。

"猫盟"对野生动物的关注始于对野生猫科动物的热爱。早在2008年，"猫盟"创始人宋大昭、蒋进原、万绍平等作为志愿者加入山西三北猫科动物研究所，投入"寻找华北豹"活动。

刚接触"猫盟"的人可能会产生这样的疑问：为什么选择华北豹？为什么要保护猫科动物？我们的答案是：猫科动物是世界上最可爱的动物。而且，猫科动物处于自然界食物链的顶端，它们的种群生存状态，是衡量当地生态系统是否健康、食物链是否完整的重要指标。保护好猫科动物，对自然界有着重大的生态意义。

因此在2013年，为了更专业、更科学地进行调查保护工作，"猫盟"正式成立，开启了科学调查和保护生涯。大家沿着这条路默默前行，守护华北豹，守护中国12种野生猫科动物，守护中国最后的荒野。

此外，"猫盟"也在许多地区进行社区保护。恰恰是在保护工作中，我们发现，关注野生动物，是保护最重要的环节。

所以，这又回溯到最初的那个问题：为什么我们看到动物，往往只能想到动物园？这是因为长期以来缺乏对自然和野生动物的关注，让我们不自觉地忽略了那些依旧生活在荒野中的生命。

随着科技的发展，人们的生活好像越来越好了，我们拥有了前人从未经历过的美妙生活。可是，人们的幸福指数真的增加了吗？我们在变好吗？

21世纪，华南虎野外灭绝，国内的斑鳖仅剩一只，中华穿山甲濒临灭绝……我们看着物种逐渐消失、山林被毁、生态质量下降……对于每一个关爱着野生动物、牵挂着大自然的人来说，现实太揪心了。如何在经济发展、基础设施建设提升的同时，为野生动物留下足够的发展空间？我们为此担忧。

好在随着"绿水青山就是金山银山"理念的深入人心，越来越多的人意识到生态保护与经济发展是可以兼顾与平衡的。

2016年，"猫盟"公众号诞生了。起初的想法很简单，我们需要一个平台抒发情感，叙写对大自然的爱。而写着写着我们发现，我们的文章引起了一部分自然爱好者、保护者的共鸣。随着粉丝数量的不断增加，我们意识到，仍然有那么多的人怀揣希望，向往着大自然的美好。

对于"猫盟"，也有人质疑：你们的力量太弱了，你们的声音太小了，你们做的事不过是蚍蜉撼树罢了。的确，"猫盟"的力量还很微弱，然而，正是为了让更多人了解、让更多人思考，我们必须尽自己的绵薄之力。"猫盟"要让大家知道：我们没有沉默，我们没有选择视而不见，我们在坚持自己的路，我们依旧不断前行！在前行的路上，我们还结交到一批一直在为这片荒原努力着的人们，大家的目标一致：为了守护大自然。

走的路越远，我们越意识到该说点什么，做点什么。荒野的呼唤，就是我们灵魂的呼唤。

期待这套丛书能增加你对野生动物的认识、对自然的理解，更期待你在合上书页之后，对窗外的大自然投去一丝温暖和善的目光。

"猫盟"龙珍平

2020年12月

感谢"猫盟"的工作人员和志愿者为本书提供大量野外摄影照片。此外，还要感谢下列图片的提供者：

P89下图©Francesco Veronesi；P112-117©刚啊；P138-143©冯刚；P156-160©张辉；P174下图，P176上图，P177，P179-196©PKU Wildlife

责任编辑 程着

装帧设计 李梦雪　杨静

荒野的呼唤

去！寻访动物们的足迹

宋大昭　黄巧雯　主编

出版发行 上海科技教育出版社有限公司

(上海市柳州路218号　邮政编码200235)

网　　址	www.sste.com　www.ewen.co
经　　销	各地新华书店
印　　刷	上海中华印刷有限公司
开　　本	720×1000　1/16
印　　张	12
版　　次	2020年12月第1版
印　　次	2020年12月第1次印刷
书　　号	ISBN 978-7-5428-7396-5/N·1108
定　　价	68.00元